最有趣的撞臉生物觀察百科

生物學博士教你不再叫錯名字的漫畫圖鑑

雞蛋博士——著

柳南永——圖　魏汝安——譯

各位朋友大家好！
我們是雞蛋博士！

我們生活的地球上，有著許多各式各樣、長相極為相似的生物，
相信如果您對自然界的生物感興趣，一定也曾有過這些想法：

如果海克力斯長戟大兜蟲和高加索南洋大兜蟲打起來誰會贏呢？
水獺？海獺？是不是也傻傻分不清楚？
花栗鼠和松鼠的差別在哪裡？
有沒有能夠一眼就分辨出海豚和虎鯨的方法呢？

這些問題看似簡單，卻無法輕易獲得解答。
於是我們希望「有一本能解決這些疑惑的書就好了…」，
因此，這本《最有趣的撞臉生物百科》就此問世囉。

書中用細膩生動的圖畫，以及簡潔的說明，來介紹相似動物之間的不同處。只要知道了決定性的差異處，就能輕易分辨出牠們！而且，不光是出現在雞蛋博士頻道中的生物，連不常見的生物也能在此書見到唷。

那麼，就跟雞蛋博士一起，和地球上的所有生物成為好朋友吧！！

2021年 雞蛋博士

我不羨慕你！

讓我們來介紹 這本書的作者群們

雞蛋博士

雞蛋博士因為臉長得像雞蛋，從小綽號就叫「雞蛋」。因為負責隊中的「高音」和「搞笑」的角色，因此最常擔任頻道裡的主持人工作！ ^^

楊博士

每三支影片中就會看到一次他的身影，特色就是那個落腮鬍！偶爾會被誤會成山賊（？），不過卻是隊中的「小可愛」。（請您相信吧QQ）

雞蛋博士隊中擁有最高「才華」指數的一人，有趣的雞蛋博士影片，也都是因為有楊博士才能誕生喔！

4

雄博士

手上總是拿著一台攝影機，因此他都不會出現在影片中。不過，他總是和朋友們一起行動。

雖然很難相信，但他是名符其實的「天才」。所以這本書也是以雄博士為中心撰寫而成，戴眼鏡的模樣很符合小聰明的形象吧！專業是昆蟲及自然相關的生物學，因此擁有相當豐富的生物知識呢！如果有想知道的生物，歡迎隨時提問喔！

Hi~!

A夢

是雞蛋博士隊的吉祥物，而A夢的真實身分是？
就是戴著雞蛋面具的鍬形蟲！總是和雞蛋博士一起共患難的好朋友！

哇～～書中詳盡的圖畫和內容，使生物知識很容易就記憶到腦子裡！因為有很多內容是在YT上沒看過的，因此閱讀時更看得津津有味！雞蛋博士大神出的書，除了推薦！還是推薦！

YT網紅jung_brre

雞蛋博士隊對生物累積多年來的經驗和知識，書籍內容簡潔概要，是本讓小朋友或是初學者都能快速理解的生物百科。透過這本書能讓許多人更了解生物，也能對生物產生更多興趣。

TV生物圖鑑

將正確的知識，用輕鬆、有趣地的方法傳達給讀者，是件相當不容易的事。《最有趣的撞臉生物百科》是將容易混淆的動物放在一起，採取比較的方式。富有趣味的生物知識學，感覺就像是回到了小時候，在閱讀此書時竟讀到忘我。如果未來想成為生物學者的小朋友，這本書是非讀不可的喔！

首爾大學昆蟲學博士 李承賢

Hi~!

目錄

 最有趣的
撞臉生物百科

昆蟲館

我推
我推

動物館

水棲生物館

滾
滾
))

龍蝨vs水龜蟲（又名蚜蟲）

棲息在深山蓮花池的昆蟲－龍蝨與水龜蟲！雖然外表長得很相似，但是在水裡的生活方式可是大大不同喔！

龍蝨

推薦影片 Q!

人類所使用的氧氣筒也是看到龍蝨後才製造出來的喔～

靠著尾端吸入外面的空氣，儲存在鞘翅和腹部之間，而呼吸所產生的二氧化碳則會從尾端以氣泡排出。當氧氣用完後，為了再次補充新鮮的空氣，便會浮出水面。

龍蝨的游泳實力都是來自這裡！強而有力的機器後腿！引擎運轉啟動～

噗唰唰

這個是 觸角！用來查探周遭生物的活動，氣味或聲音都不是用鼻子或嘴巴，全都是用觸角來感知。

鞘翅會依照水的流動順暢划行，而且裡面還能存儲空氣呢！

我咬 我咬

用前腳捕捉食物

你知道嗎？

牠是靠吃水中死掉的生物屍體來維生的肉食性昆蟲，牠會用牠寬大的下顎卡滋卡滋地、一口一口地咀嚼，將食物吞下肚，如果被牠咬到，那可是會痛到不行，所以請務必小心。

雄龍蝨在水中和 雌蟲交配 時，會使用 前腳上的吸盤摟住對方，且具有止滑的作用。因此，看到有吸盤的龍蝨就是雄蟲喔。

我是雄

那麼，這樣可愛的龍蝨和水龜蟲，在水裡的生活方式又有何差別呢？

相似度90%
區分難度 ★★☆☆☆

LET'S GO～

哼！
心情真差！

水龜蟲的 觸角 比龍蝨短，不過充分扮演了導航的角色！

水龜蟲

水龜蟲會優雅地拔水草來吃，像是蓮花池裡的花(?)鹿！

牠會黏附在蓮花池的水草上，啃食水草！

推薦影片
Q！

))
喔，大長腿！

光滑的 鞘翅 和 身軀，長得就像顆橄欖球！

牠有著最適合攀附在水草上的 大長腿！游泳時兩隻腳會往外側蹬，但游泳實力不如龍蝨。

呸！這是什麼鬼東西！臭死了！

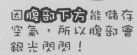
因 腹部下方 能儲存空氣，所以腹部會銀光閃閃！

古時候的人將牠稱作「麥龜蟲」，與龍蝨不同，因為用烤的很不好吃，所以又稱為「屎龜蟲」！

那你就不要吃啊！

決定性的 差異！	很會游泳的就是龍蝨， 不會游泳的就是水龜蟲！

龍蝨和水龜蟲的最大差異性就是游泳實力！！

主要以肉食維生的龍蝨，一旦在水裡發現食物，就會以較其他昆蟲、動物更快的速度，擷取目標。

所以，後腳比起其他部位都要來得發達、有力！粗壯厚實的後腳會像划槳般擺動雙腳，身體就如 **飛箭般快速** 前進。

相反的，主要以草食性為主的水龜蟲，為了能夠輕鬆地掛在水草上，所以，全部的腳都相當細長。也因如此，牠游泳的姿勢好比 **狗爬式**，趴搭趴搭地拍水，所以，泳技沒有龍蝨來得好。

14

聞看看！龍蝨體內會發出
一股奇怪的氣味？

話說以前都會在蓮花池或小池塘裡抓龍蝨來玩，還讓牠們比賽。

長得圓滾滾、小巧可愛，應該很溫馴吧？

● BGM
抓迷藏～

啊～圓圓的，好可愛啊！

來跳繩～

感覺這隻跑最快！

騎馬背～

千萬注意！如果你把龍蝨想成是鄰家心地善良的叔叔，那可就誤會大了！龍蝨在蓮花池裡可是數一數二的真漢子，當有天敵接近或攻擊時，有白色液體會從牠身體散發出來。

唉唷！有蟲子，那不是龍蝨嗎？

你們竟敢來招惹我？

看招！

噗滋

噗滋

聞到如 椿象 散發出的毒氣和苦味的天敵，應該就不敢再來騷擾龍蝨了吧？

呃啊！這是什麼味道！

哼，在這撒野！

噗滋

噗滋

水中的暗殺者
田鱉vs負子蟲

水中的捕食者，田鱉與負子蟲！！牠們不僅長相相似，連習性也都很相近！甚至由爸爸守護卵的習性也都差不多！

田鱉

Hi~!

前腳形狀猶如鐮刀，修長而且堅固，還長指甲呢！牠能用怪力捕食體積比自己還要大的青蛙。

我是田鱉！水中的暴君！！

緊抓

嘴巴長得如細針，牠會將口器刺入獵物的身體後注入消化液，並等待其溶解體內的組織後，再加以吸食！
實際被牠咬過的人說：「是猶如被蜜蜂螫到一樣的刺痛感！」

嗡一

小常識！

田鱉居住在積水的濕地，是椿象家族中體型最大的。你一定會以為牠體積大就飛不動了，那你可就大錯特錯了！！因為連牠的翅膀也很大，所以比你想像中的更會飛呢！

屁股的尾端有一根短短的呼吸管。

嚼嚼

雌蟲會將卵產在露出水面的細木桿、或是植物的莖部上，一次產卵約50～80顆。雄蟲則會日夜守護這些卵，直到牠們孵化為幼蟲。

爸爸來守護你們！

強壯可靠

那麼我們就來看看，該如何分辨這殘暴凶狠、卻又充滿父愛的捕食者們吧！

相似度70%
區分難度★★☆☆☆

Move Move

背上長得坑坑巴巴的，那些可是卵喔！
雌蟲受精完後，會將卵產在雄蟲的背上！！如此一來，雄蟲就能背著這些卵移動，並保護尚未出生的孩子們！

親愛的～我們的寶貝就拜託你囉～

哼！我會回來的，我恨溪谷！

負子蟲

推薦影片 Q！

前腳長得像鐮刀，常用在捕捉小魚或蝌蚪！不過，也因為長度較短，所以，常發生到嘴的魚又被牠溜掉的慘事。ㅠㅠ

啊！我的午餐～

中間的腳和後腳雖扁，但是卻能穩穩地攀附在水草上！比起水流湍急的溪谷，更喜歡待在水面平靜的蓮花池。

來抓我啊～

前腳只要再長一點點…

負子蟲、田鱉兩者的尾部都有能換氣的**呼吸管**，因為牠們泳技不佳，所以比起水深，更偏好水淺的地方。

呀呀

會將口器刺入其獵物的身體後注入消化液，並等待其溶解體內的組織後，再加以吸食！

?!

17

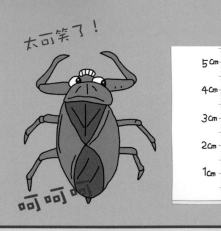

太可笑了！

呵呵呵

還真大啊！

田鱉和負子蟲最大的差異性就在身體大小！！

負子蟲的身體長度約17mm～20mm，反之，田鱉的身體長度有48mm～56mm！

足足差了三倍！

咯吱

嘿咻一

所以，誰的力氣更大呢？當然是田鱉囉！

負子蟲會獵食體積比自己小的魚蝦、水棲昆蟲、蝌蚪，但是田鱉則會獵食塊頭比自己大的蛇、烏龜和青蛙！

即便看起來強大的田鱉，卻在人類的慾望和環境污染下，已屬於瀕危物種……成為了需要受到保育的昆蟲。ㄒㄒ
所幸負子蟲目前還可經常見到！

又是負子蟲？田鱉～你在哪裡呢？

哼！我才是那位能生存到最後的勝利者！你還敢在那放肆！

田鱉、負子蟲！你們是完全變態？

田鱉和負子蟲的成長過程？

這兩者因為沒有經歷結蛹階段，所以外表的變化不大，成蟲是不完全變態（又可分為漸進變態 和半行變態 兩種）的昆蟲！從幼蟲時期經過幾次脫皮之後，身體的體節會增加，轉變成為成蟲！

用力

> 貨真價實是我的子女啊！

★這裡所說的變態

指幼蟲時期的外貌與成蟲時期的外貌上有著巨大變化的現象！

另一方面，蝴蝶和甲蟲這些有經歷過結蛹階段的昆蟲，就是完全變態（完全的脫胎換骨）的昆蟲！因為有結蛹的過程，所以，在成蟲時的外貌才會變得完全不一樣！

> 爸比！爸比！
> 媽咪！媽咪！

嗚啊啊…

> 雖然長相不同，卻是我可愛的子女們～

正因為有分為完全變態的昆蟲和不完全變態的昆蟲，所以，有些不會結蛹、不會脫皮，可別因此而失望了唷！

> 我脫皮了！

> 我脫皮了！

不完全變態
（又分為漸進變態和半行變態）的昆蟲

完全變態（完全脫胎換骨）的昆蟲

海克力斯長戟大兜蟲 vs 高加索南洋大兜蟲

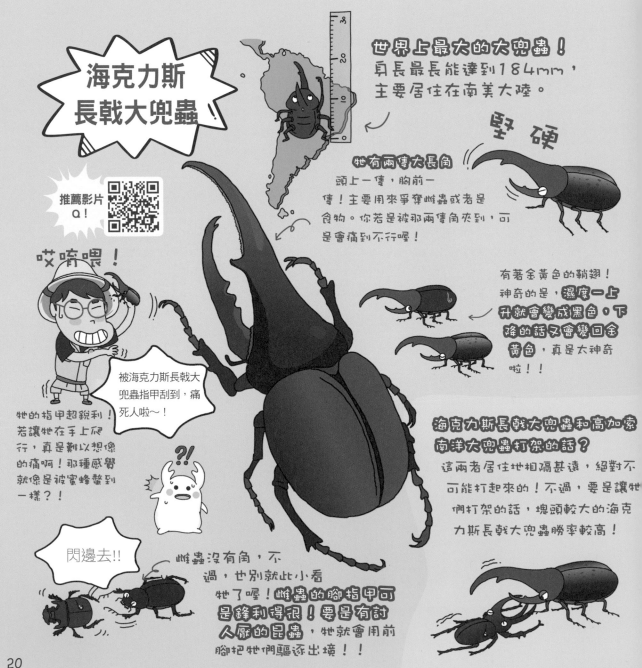

海克力斯
長戟大兜蟲

世界上最大的大兜蟲！
身長最長能達到184mm，
主要居住在南美大陸。

牠有兩隻大長角
頭上一隻，胸前一
隻！主要用來爭奪雌蟲或者是
食物。你若是被那兩隻角夾到，可
是會痛到不行喔！

堅硬

有著全黃色的鞘翅！
神奇的是，濕度一上
升就會變成黑色，下
降的話又會變回金
黃色，真是太神奇
啦！！

推薦影片
Q！

哎唷喂！

被海克力斯長戟大
兜蟲指甲刮到，痛
死人啦～！

牠的指甲超銳利！
若讓牠在手上爬
行，真是難以想像
的痛啊！那種感覺
就像是被蜜蜂螫到
一樣？！

?!!

海克力斯長戟大兜蟲和高加索
南洋大兜蟲打架的話？
這兩者居住地相隔甚遠，絕對不
可能打起來的！不過，要是讓牠
們打架的話，塊頭較大的海克
力斯長戟大兜蟲勝率較高！

閃邊去!!

雌蟲沒有角，不
過，也別就此小看
牠了喔！雌蟲的腳指甲可
是鋒利得很！要是有討
人厭的昆蟲，牠就會用前
腳把牠們驅逐出境！！

南美大陸的王者，海克力斯長戟大兜蟲！亞洲大陸的王者，高加索南洋大兜蟲！分別代表兩個大陸的大兜蟲，究竟誰才是王中之王呢？

相似度50%
區分難度★★☆☆☆

HERE WE GO！

高加索
南洋大兜蟲

熱死人啦

又名指甲刀！！
胸口和鞘翅之間相當鋒利，把手指甲放進去會「喀擦」一聲，指甲就掉了！因此獲得了這樣的稱號！

身長最長可達135mm，身體是青銅色！
牠們居住在高山地區，喜歡待在涼爽的地方。

推薦影片Q！

其特徵是有三隻大長角！其實胸前還有一隻，一共是四隻！而胸前這隻角是在爭奪雌蟲或是獵物時的最佳武器！！

咕呃！

別想跑，這是我的！

左鉤拳！右鉤拳！我有練過唷！！

啪

雌蟲沒有角，但翅鞘上有金黃色的細毛！

我的孩子們，快快長大吧～

因為牠的前腳細長且鋒利，如果放到手上會扎手。細長的前腳不僅會使身軀看起來更龐大，其主要是用來保護身體，不受敵人攻擊。

會將卵產在腐葉土上，最多能一次產下一百多顆！！

有兩隻大長角的是海克力斯長戟大兜蟲！
有三隻大長角的是高加索南洋大兜蟲！

海克力斯長戟大兜蟲和高加索南洋大兜蟲最大的差異性就是在於角的數目！！

海克力斯長戟大兜蟲的兩隻角分別在頭部和胸前各有一隻，而高加索南洋大兜蟲的角則是頭部一隻，胸前兩隻！

還有，翅鞘的顏色也不一樣喔！

海克力斯長戟大兜蟲的翅鞘在乾燥時是金黃色，潮濕時則會變成黑色。
高加索南洋大兜蟲不管天氣潮濕或乾燥，都是接近青銅色的黑色！

呼呼！我可以感知濕度，你沒有這種機制吧？！

我是璀璨的青銅色，跟你那花花綠綠的翅鞘是不同等級的！

閃亮

閃亮

而且，居住的地區也有很大的差異！

高加索南洋大兜蟲是居住在東南亞一帶！而居住在南美一帶的是海克力斯長戟大兜蟲！牠們都有自己的生活圈，實際上，在自然界牠們是絕對不會有交集的！

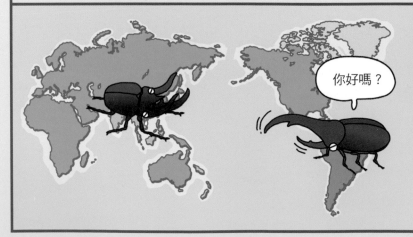

你好嗎？

22

是因為很長～壽，所以取名為長壽嗎？

長壽大蜻蜓（巨型蜻蜓）、長壽天牛（韓國巨天牛）、長壽大兜蟲（大兜蟲）、長壽馬蜂（大虎頭蜂）！

惟獨昆蟲的名字中有很多「長壽」！大兜蟲中的長壽緣由是什麼？

你也叫長壽？

你也叫長壽？

你也叫長壽？

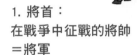
在韓語字典中，「長壽（장수）」一詞有兩種意思。

我是英勇的將軍！

1. 將首：
在戰爭中征戰的將帥
＝將軍

我們活得很長～壽！

2. 長壽：
壽命很長
＝活很久

喔～這個時候你好像博士喔～

不過仔細想想，並沒有活很久的昆蟲！大部分過了一季，產卵過後，生命就終結了。ㅠㅠ

所以，絕大多數帶有『長壽』二字的昆蟲，都是體積碩大、驍勇善戰的昆蟲。所以，昆蟲名字裡有『長壽』的意思，是指如同在戰爭中征戰的將軍，這樣大家懂了嗎？！

我們是最棒的！

光臘樹林人氣王
鍬形蟲 vs 獨角仙

在光臘樹樹叢裡，人氣最高的是鍬形蟲和獨角仙！就像身穿鐵衣，是屬於前翅堅硬的鍬形蟲科的昆蟲。

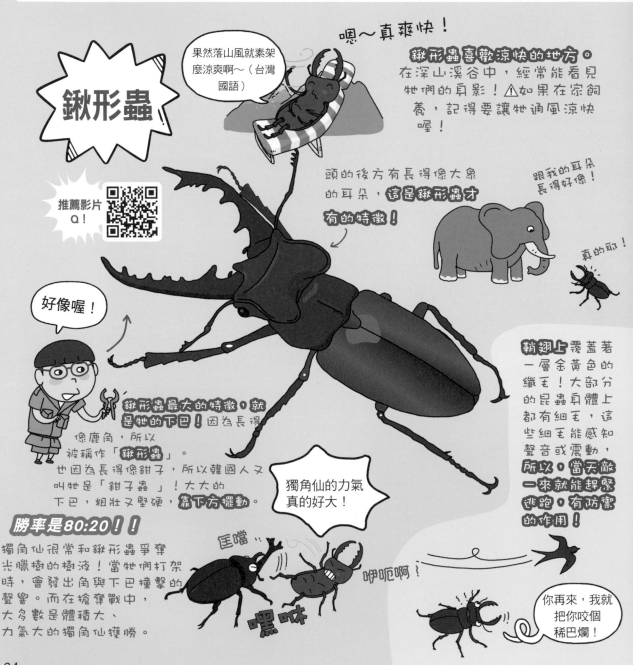

嗯～真爽快！

果然落山風就素架麼涼爽啊～（台灣國語）

鍬形蟲

鍬形蟲喜歡涼快的地方。在深山溪谷中，經常能看見牠們的身影！⚠如果在家飼養，記得要讓牠通風涼快喔！

頭的後方有長得像大象的耳朵，這是鍬形蟲才有的特徵！

跟我的耳朵長得好像！

真的耶！

推薦影片Q！

好像喔！

鍬形蟲最大的特徵，就是牠的下巴！因為長得像鹿角，所以被稱作「鍬形蟲」。也因為長得像鉗子，所以韓國人又叫牠是「鉗子蟲」！大大的下巴，粗壯又堅硬，靠下方擺動。

獨角仙的力氣真的好大！

鞘翅上覆蓋著一層金黃色的纖毛！大部分的昆蟲身體上都有細毛，這些細毛能感知聲音或震動，所以，當天敵一來就能趕緊逃跑，有防禦的作用！

勝率是80:20！！

獨角仙很常和鍬形蟲爭奪光臘樹的樹液！當牠們打架時，會發出角與下巴撞擊的聲響。而在搶奪戰中，大多數是體積大、力氣大的獨角仙獲勝。

匡噹..

嘿咻

咿呃啊！

你再來，我就把你咬個稀巴爛！

爭奪光臘樹樹液的屏息決鬥！究竟誰會勝出呢？就讓我們繼續看～下～去！！

相似度60%
區分難度★★★☆☆

GO GO！

哈哈，這是我的簽名～

獨角仙在昆蟲界中不僅體積大、力氣大，是樹林裡的人氣王。

獨角仙

這是相當適合養在屋裡的居家昆蟲喔！

頭上的大角加上胸前的小角，一共有兩隻角！

長相就像戴了頭盔，所以又被稱為「頭盔蟲」！

推薦影片Q！

你知道嗎？

牠們的腳非常有力！

如果硬是要將攀附在樹幹上的獨角仙給拔下來，會造成牠們的指甲脫落，所以，必須要小心對待！

我是赤褐色　　我是黑褐色

身體顏色分別有赤褐色及黑褐色，根據其居住的地區會產生些許的差異！

嘿！錯了

叮咚！做得好

用手指輕敲牠的屁股，然後再讓牠爬到手上！

叩叩

我們往往很大隻！！

雄蟲身長約33mm～80mm，連幼蟲的身長也是很驚人的喔！

25

鍬形蟲是鉗子下巴！獨角仙是冒出來的角！

我的武器是角！雖然不能動，但是能把敵人高舉起來！

獨角仙和鍬形蟲的最大差異點是角和下巴。獨角仙長在頭和胸前的「角」是不能動的，鍬形蟲的頭則是有可以動的「下巴」！當遇到敵人時，角和下巴就會發揮它真正的作用。

角的頂端有三個分支！

我的武器就是我的下巴！我會死咬住不放！夾死你！夾死你！

賣我的屬害

堅硬

雌蟲的長相有點不太一樣。由於雌獨角仙會把卵產在土裡，所以，不需要那傳笨重的大角。

我會挖土或劃落葉，在裡面產卵！

哇嗒嗒

雌獨角仙

由於雌鍬形蟲會將卵產在腐爛的樹洞裡，所以，有著短小且銳利的下巴。

雌鍬形蟲

我產卵在樹幹裡面！

喀擦 喀擦

人類！你們是怎麼存活下來的，怎麼會長成這樣？

獨角仙和鍬形蟲根據各自的生活方式，外貌和形態上有所不同！

其他昆蟲或是動物也各自因應環境生存，所以，樣子和型態都有些不一樣。

呵呵呵

獨角仙和鍬形蟲要如何飼養呢？

發酵木屑的
高度約20cm～

因為獨角仙會在腐葉土裡產卵，所以，先將
「發酵木屑」放進飼養容器中。發酵木
屑的高度需要高過20cm，因為雌蟲可
能會產卵，所以，也許能看見可愛的幼
蟲寶寶喔！對了！一定要放裝飾木喲，
這樣牠們的指甲才會變得健
康，不會脫落。

★準備物品

昆蟲果凍、裝飾木、發酵木屑

因為鍬形蟲會在腐壞的樹幹裡產卵，所
以，要在飼養容器裡放入「產卵木」。將
產卵木浸泡在水裡一天，發脹後將樹皮去
除，接著曝曬兩天後就可以用囉！

發酵木屑的高度
能覆蓋住產卵木
就可以了～

★準備物品

昆蟲果凍、裝飾木、發酵木
屑＋產卵木

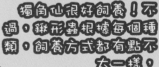

我們是人氣最
高的寵物昆蟲！

獨角仙很好飼養！不
過，鍬形蟲根據每個種
類，飼養方式都有點不
太一樣。
其中日本大鍬形蟲、扁
鍬形蟲和鉅鍬形蟲
是比較好飼養的。
寵物昆蟲並不是指
玩具喔！

大家都清楚了吧？

花海的園丁
西方蜜蜂vs蜂蠅

總是在花海上方自在地隨處飛翔的西方蜜蜂和蜂蠅！因為牠們真的長得太像了，所以很難分辨吧？長得像蜜蜂，卻又不是蜜蜂的蜂蠅啊～

西方蜜蜂

如果周圍有花，總能看得到西方蜜蜂的身影，看牠把花粉從這朵花搬到那朵花上，幫助花朵授粉結果，是很有益處的昆蟲喔！

原來遠處有花蜜啊！
我最愛搖擺

推薦影片Q！

眼睛是複眼！
由數千個六角形狀的眼睛組合而成，能感知外在和距離。

口器長得像管子。

西方蜜蜂彼此間用跳舞方式來溝通
工蜂一旦發現花粉和花時，就會回到蜂巢前跳八字形搖擺舞，告訴其他蜜蜂同事們花的所在處！

花粉籃是後腳上細長彎曲的毛所形成的。
細毛會沾附花粉，並聚集在此處。

翅膀有兩對。
昆蟲大致上都有兩對翅膀。

啊啊啊！

螫針在這裡面！
外型像鉤子，如果刺錯的話，反而會將內部的器官給一併拉出，造成死亡。

不想被蜜蜂螫的話！！
不要穿短袖，妝不要擦得太厚。萬一驚動到蜂巢，不要縮成一團，用最快的速度跑開至20m處！

我們的螫針長得像鉤子狀！！呼呼～可怕吧？

不過，仔細看還是能夠輕易地分辨出來！我們就來看看西方蜜蜂和蜂蠅到底哪裡不一樣吧！

相似度90%
區分難度★★★★☆

GO GO～～

和西方蜜蜂最相近的地方就是腹部的花紋！因為都是黃黑相間的條紋。多虧有這麼一個紋路，所以當有天敵接近，蜂蠅能夠偽裝成西方蜜蜂，保護身體。

怎樣？我們長得一樣吧！

可是你為什麼要搓手呢？

蜂蠅

喔，你的翅膀也只有一對耶！

Hi～!

我是蒼蠅

你好，我是害蜂蒼蠅喔！

推薦影片
Q！

因為蜂蠅有平衡棒，所以，能展開絢爛的特技飛行！

只有一對翅膀！為什麼？
因為牠是蒼蠅！那麼剩下的另一對翅膀跑哪去了呢？就是由後翅退化而成的平衡棒。

牠是一隻長得像西方蜜蜂的蒼蠅！
又被稱為「蜜蜂蒼蠅」，也跟西方蜜蜂一樣，會搬運花粉。

口器長得像飯匙！
適合用舔著吃！雖然主食是花，但牠偶爾也會吃動物的排泄物，總不能叫牠用手抓來吃吧，瞭解了嗎？

?!

花雖好吃，但只吃花，我是活不下去的！！

小常識！

不同於吃排泄物的蒼蠅幼蟲，蜂蠅幼蟲會抓樹上的害蟲「蚜蟲」和「介殼蟲」來吃！揪感心吧？！

有兩對翅膀的就是西方蜜蜂！
只有一對翅膀的就是蜂蠅！

西方蜜蜂和蜂蠅的最大差異點就是翅膀！

西方蜜蜂和其他的昆蟲一樣，有一對前翅和一對後翅！總共有兩對翅膀！蜂蠅只有一對前翅，後翅退化為負責平衡的「平衡棒」！

平衡棒

原來這就是平衡棒呀！

當蜂蠅或蒼蠅在飛行時，平衡棒會維持平衡，所以，唯獨蜂蠅和蒼蠅的飛行特技很厲害！多虧牠們有平衡棒，所以，才能閃避人類起此被落的掌聲中。

啪

咻——

來抓我啊～！

也因為牠們很常在花叢間流連忘返，所以又被稱為「浪人蒼蠅」。

還有還有，最大的差異點在**西方蜜蜂是群體生活；蜂蠅則是單獨生活**。西方蜜蜂分成女王蜂、雄蜂、工蜂。蜂蠅則像大多數的昆蟲一樣，獨自生活！

我最重要的事就是產卵～可怕吧？

我要和女王蜂交配。

我很認真地搬運花粉，唉哼，我的身子啊…

雞蛋博士的有趣生物知識！ 花vs巧克力派！西方蜜蜂的選擇是？

西方蜜蜂最喜歡的是什麼呢？

是牠們每天在吃的芬芳花朵？還是甜膩的巧克力派呢？

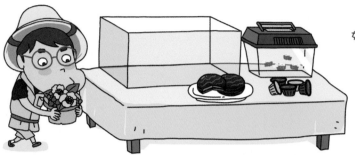

好，我們就來做個實驗吧～
請準備好實驗的物品！

★準備物品

芬芳的花、香甜的巧克力派、
甜甜的昆蟲果凍

在那之前，西方蜜蜂**其實也會靠喝水維生！**
所以，只要到有水的地方，揮一揮捕蟲網就能
捕獲西方蜜蜂啦。不過因為牠們有螫針，所
以，要多多當心啊！⚠（小朋友請不要模仿
唷～）

楊博士，
你好棒！

博士們都是這樣抓
蜜蜂的～哈哈

現在，將西方蜜蜂放進實驗箱裡！
得到了 令人意外的結果！！
西方蜜蜂比起芬芳的花，更喜歡甜滋滋的巧克力
派！看來跟平時吃的花粉比起來，牠們更喜歡特別
的食物是巧克力派。
西方蜜蜂果然更喜歡吃甜食！

使人厭惡和起雞皮疙瘩的 少棘蜈蚣 vs 蚰蜒

腳很多的少棘蜈蚣和蚰蜒！
牠們喜歡居住在潮濕陰暗的地方。想必大家至少都有過一次，在自家門前被牠們嚇到起雞皮疙瘩的經驗吧？

少棘蜈蚣

小常識！

因為蜈蚣有一種「Scolopin 1[1]」的物質，對治療異位性皮膚炎相當有效，因此很常應用在化妝品或是藥品上！

這裡不是頭部，是腳喔！比其他腳來得短，行進時不會用到。

推薦影片Q！

陰暗 潮濕

啊，這裡真是風水寶地！

喜歡潮濕的地方。牠們早上會在潮濕的樹下，或是石頭底部睡覺，到了夜晚再出來活動。早期潮濕的屋頂下經常能看到牠們的身影！

身長最長達15cm，加上動作敏捷，連小老鼠都能捕獲！

咬住

下巴下的腳（第一腹足）尾端上有毒腺❶被刺到雖然沒有生命危險，但是，相當相當的痛啊......

我被蜈蚣咬了！

不要揉，擦些稀釋過的阿摩尼亞可以使傷口鎮靜。

孩子們，快快長大！

蜈蚣下蛋後會保護孩子們，直到牠們能獨立生活，多偉大的母愛啊！

總共有42隻腳，21對。
每隻蜈蚣腳的顏色都有些許差異，總共有紅、黃、橘這三種顏色！

咬住

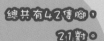
我們都是少棘蜈蚣！彼此好得不得了！

噗噗噗ING～

好韻腳！

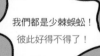

紅足　　黃腳　　橘腿

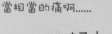

註1：從少棘蜈蚣的毒液中可分離得到兩種抗菌肽，其命名為Scolopin 1和Scolopin 2。

甚至還有令人心生畏懼的毒腺，我們就來看看這兩者的相異處，以及居住環境吧！

相似度70%
區分難度★★★☆☆

LET'S GO～

蚊子救命～　好吃好吃

我有問題！

蚰蜒總共有幾隻腳呢？牠一共有30隻腳，15對喔！足數雖然比少棘蜈蚣少，但是牠爬行速度快，瞬間看起來就像是有50隻腳，所以又稱為「千足蟲」。

蚰蜒

是錢串子！

像是蟑螂蛋、蚊子、蒼蠅等小害蟲，牠通通一併剷除，**所以被叫做「害蟲界的活動防疫公司」。**

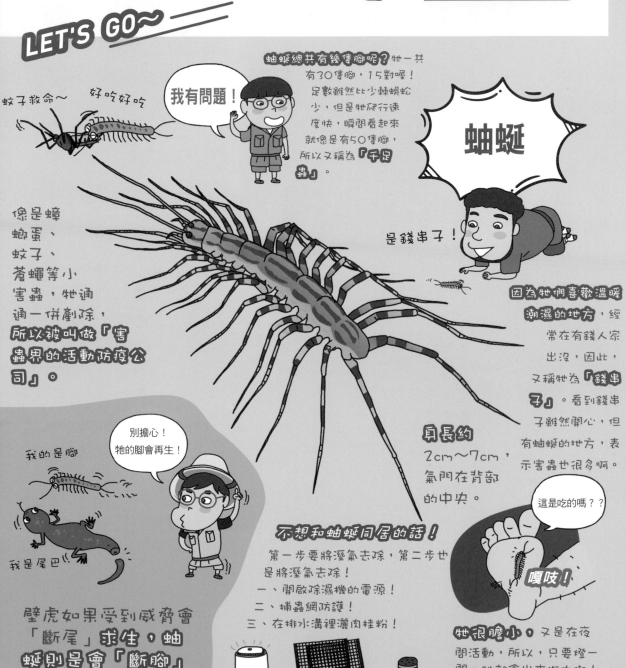

因為牠們喜歡溫暖潮濕的地方，經常在有錢人家出沒，因此，又稱牠為「錢串子」。看到錢串子雖然開心，但有蚰蜒的地方，表示害蟲也很多啊。

身長約2cm～7cm，氣門在背部的中央。

別擔心！牠的腳會再生！

我的是腳

我是尾巴！

壁虎如果受到威脅會「斷尾」求生，蚰蜒則是會「斷腳」求生！

不想和蚰蜒同居的話！
第一步要將溼氣去除，第二步也是將溼氣去除！
一、開啟除濕機的電源！
二、捕蟲網防護！
三、在排水溝裡灑肉桂粉！

除濕機　　捕蟲網　　肉桂粉

這是吃的嗎？？

嘎吱！

牠很膽小，又是在夜間活動，所以，只要燈一關，牠就會出來逛大街！

33

腳短又粗的是少棘蜈蚣！
腳長且細的是蚰蜒！

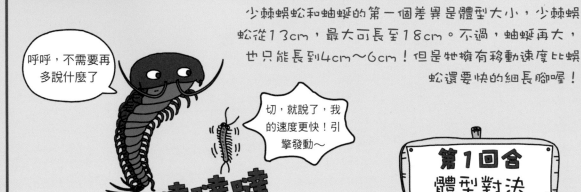

呼呼，不需要再多說什麼了

切，就說了，我的速度更快！引擎發動～

哇哇哇

少棘蜈蚣和蚰蜒的第一個差異是體型大小，少棘蜈蚣從13cm，最大可長至18cm。不過，蚰蜒再大，也只能長到4cm～6cm！但是牠擁有移動速度比蜈蚣還要快的細長腳喔！

第1回合
體型對決

我的身體堅硬，顏色是深青綠色！

我的身體柔軟，顏色是亮亮的灰！不知道大家知不知道米灰色~

而且身體的顏色也不一樣！少棘蜈蚣是深青綠色，蚰蜒是亮灰色！

第2回合
顏色對決

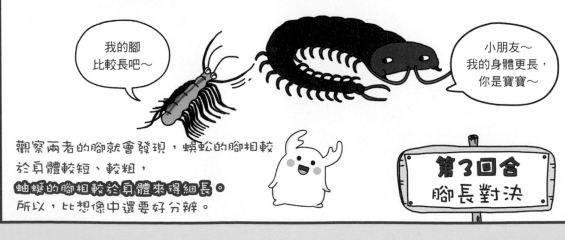

我的腳比較長吧～

小朋友～我的身體更長，你是寶寶～

觀察兩者的腳就會發現，蜈蚣的腳相較於身體較短、較粗，蚰蜒的腳相較於身體來得細長。所以，比想像中還要好分辨。

第3回合
腳長對決

看到蚰蜒就會有錢進來？！

其實看到 **蚰蜒** 這兩個字很陌生吧？對我們來說，「**錢串子**」這三個字更廣為人知！
不過，為什麼蚰蜒會被叫做錢串子呢？

好噁心的蟲子啊！

嘶一

不～行！

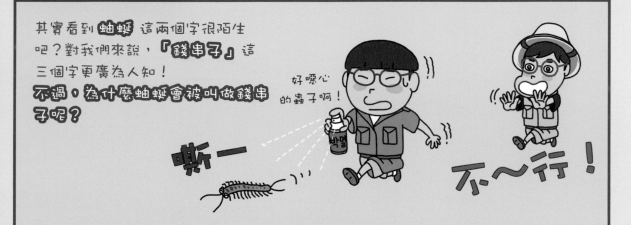

> **那是因為謠傳說，看到蚰蜒就會有錢進來！**

原因有二，一是因為錢串子喜歡溫暖潮濕的地方，相較之下，經常出現在擁有這種環境的富裕人家裡，由看到這光景的人所製造出來的迷信。

你沒聽人家說殺了錢串子就賺不了大錢嗎？

真的嗎？

駒駒～我還有那種謠言啊？

呵呵呵

二來是因為韓國本來沒有蚰蜒，但在6.25韓戰之後，有錢人購買了許多的美國物資中，一併也把蚰蜒帶進來了，惟獨在富有人家中才會看到很多的蚰蜒，所以，才會被稱作為錢串子！

WHERE IS 這裡？！

好暖和，SO SWEET！

HAM
HAM HAM

信不信由你囉～

不過，蚰蜒是益蟲，就算看到覺得噁心，但放任牠生活也不錯啦～

此區最強獵人
枯葉大刀螳vs水螳螂

枯葉大刀螳和水螳螂，不論從長相到行動都有很多極為相似的地方，相異處則是棲息地！

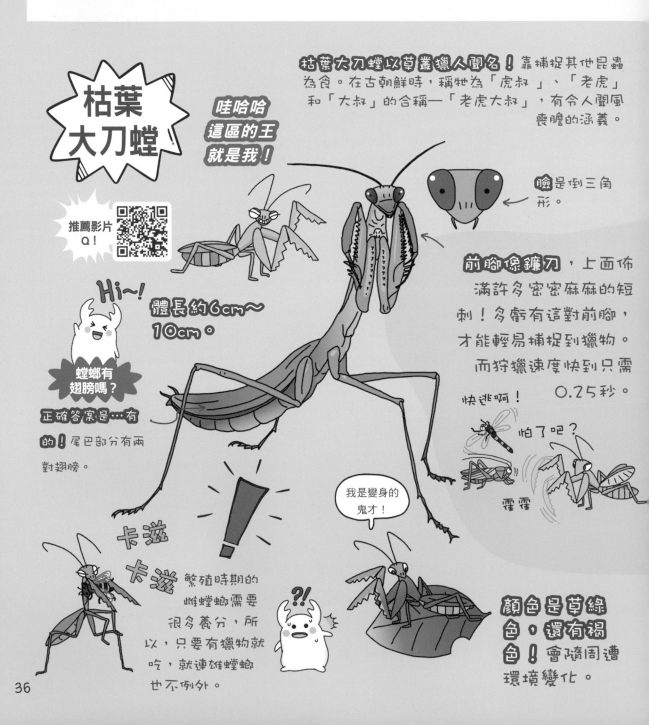

枯葉大刀螳以草叢獵人聞名！靠捕捉其他昆蟲為食。在古朝鮮時，稱牠為「虎叔」、「老虎」和「大叔」的合稱—「老虎大叔」，有令人聞風喪膽的涵義。

枯葉大刀螳

哇哈哈 這區的王就是我！

推薦影片Q！

臉是倒三角形。

Hi~!

體長約6cm～10cm。

螳螂有翅膀嗎？

正確答案是…有的！尾巴部分有兩對翅膀。

前腳像鐮刀，上面佈滿許多密密麻麻的短刺！多虧有這對前腳，才能輕易捕捉到獵物。而狩獵速度快到只需0.25秒。

快逃啊！

怕了吧？

嘿嘿

卡滋 卡滋

我是變身的鬼才！

繁殖時期的雌螳螂需要很多養分，所以，只要有獵物就吃，就連雄螳螂也不例外。

?!

顏色是草綠色，還有褐色！會隨周遭環境變化。

那麼我們就來瞭解枯葉大刀螳和水螳
螂的生活環境吧！

相似度80%
區分難度★★★★☆

MOVE MOVE~

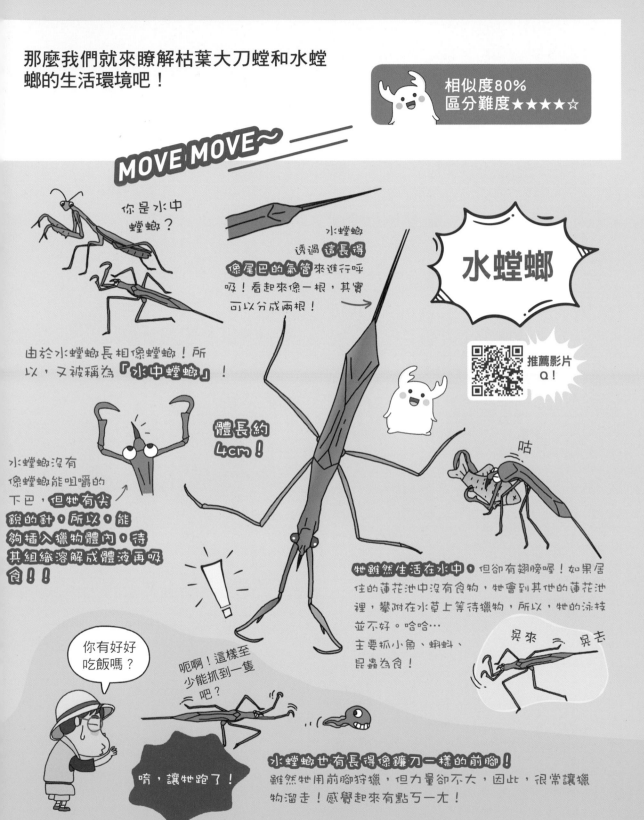

你是水中
螳螂？

水螳螂
透過 這長得
像尾巴的氣管 來進行呼
吸！看起來像一根，其實
可以分成兩根！

水螳螂

推薦影片
Q！

由於水螳螂長相像螳螂！所
以，又被稱為「水中螳螂」！

體長約
4cm！

水螳螂沒有
像螳螂能咀嚼的
下巴，但牠有尖
銳的針，所以，能
夠插入獵物體內，待
其組織溶解成體液再吸
食！！

咕

牠雖然生活在水中，但卻有翅膀喔！如果居
住的蓮花池中沒有食物，牠會到其他的蓮花池
裡，攀附在水草上等待獵物，所以，牠的泳技
並不好。哈哈…
主要抓小魚、蝌蚪、
昆蟲為食！

吳來　吳去

你有好好
吃飯嗎？

呃啊！這樣至
少能抓到一隻
吧？

唷，讓牠跑了！

水螳螂也有長得像鐮刀一樣的前腳！
雖然牠用前腳狩獵，但力量卻不大，因此，很常讓獵
物溜走！感覺起來有點ㄎㄧㄤ！

決定性的差異！

生活在草叢裡的是枯葉大刀螳！
生活在水裡的是水螳螂！

> 我是變身的鬼才！

> 我喜歡在水裡！！

首先，水螳螂和枯葉大刀螳居住的地方完全不同！

枯葉大刀螳住在陸地上的草叢裡，水螳螂則棲息在水中的水草上！

而且，因為水螳螂住在水中，所以，尾部有一根長長的氣管！這根氣管會突出水面呼吸！正因如此，所以，牠更偏好水淺、水面靜止的池塘。

> 我最喜歡安靜的蓮花池了，它能讓我這樣舒服的換氣。

> 牠呼吸的方式還真奇怪！

> 那麼螳螂是怎麼呼吸的呢？

> 這裡！這裡！這裡是氣門！

氣門

生活在陸地的螳螂和其他昆蟲一樣，利用在腹部中央的**氣門（呼吸的孔洞）**呼吸！實際上，能看到螳螂的腹部有好幾個點！

為什麼惟獨螳螂的肚子
裡有那麼多的鐵線蟲？！

嗚呼哀哉

鐵線蟲是一種會寄生在昆蟲體內的駭人寄生蟲！
可是惟獨最常在螳螂的腹部發現牠們，
原因究竟為何呢？

嗚呼呼～終於
能到外面啦！

鐵線蟲成蟲後，就會控制宿主昆蟲
到水邊，因為牠們要
在水中產卵！

那麼這些卵會變成
怎麼樣呢？
會成為在水中生長的
昆蟲（蜉蝣、蜻蜓、
蚊子）的盤中餐，或
是附著在藻類、葉子
上的卵，讓蚋蜢在不
知情的狀況下將牠吃
下肚！

吃吃

好好長大吧
我的子女～

媽媽，
拜拜～

這是什麼？
能吃的嗎？

痛不欲生

那麼，吃下鐵線蟲卵的昆蟲會是誰呢？
就是螳螂囉！

在中間宿主（蜉蝣、蜻蜓、蚊
子、蚋蜢）的體內孵化成幼蟲，
然後寄生在吃掉了中間宿主的最
終宿主（螳螂）體內長大成蟲。
所以，惟獨會在螳螂體內發現這
麼多的鐵線蟲！也就因為鐵線蟲
只能寄宿在昆蟲的體內，如果寄
生在人體、或是其他動物體內是
無法存活的！很慶幸吧！

OK!

正按照計畫
進行呢！
快來吧！

OK!

糞金龜喜歡牛糞！所以，會和生活在大草原上的牛群一同生活！牠們也喜歡馬糞，所以，在韓國也稱牠們作「馬糞郎」！

是馬糞耶！

哈啊好溫暖～

糞金龜

因為牠們有把糞便滾成球的習性，因此，會在名字上加「推糞」二字，所以，有時會看到「推糞金龜」這個名字。

Hi~!

牠們雖然會吃糞球，但更重要的是，雌金龜會將卵產在裡面！而孵化的糞金龜幼蟲再吃這糞球長大。

我滾我滾

如果糞便不夠，雄金龜們就會強奪其他雄金龜的糞球！這時就會展開雄糞金龜的糞球爭奪戰！

喂！喂！放手！

這顆糞球就由我來接手了！

後腳是用來推糞用的。牠們會倒立來滾糞球！雄金龜負責滾糞球，這糞球滾得越大越圓，雌金龜就會更加喜歡！

雄金龜滾好的糞球，若是雌金龜滿意，牠會為了在裡面產卵，親自滾糞球，也會直接挖洞將糞球埋入。

好帥啊！

用力用力

那麼，喜歡糞便的糞金龜和銳胸角舖糞蜣，牠們擁有什麼樣的魅力呢？就讓我們一起來看看吧！

相似度80%
區分難度★★★★☆

出發囉！

雄蟲頭頂上有著長又霸氣的角！
這隻角是在爭奪糞便、或是雌蟲時戰鬥用的！很像犀牛吧！

這糞是我的！　這大便是我的！

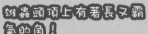

銳胸角
舖糞蜣

雌蟲有相當偉大的母愛！
牠會在親手一顆顆捏成團的糞球下產卵，每一顆糞球只放一顆卵！
產卵後的兩個月期間，牠都不會離開糞球，緊緊守護裡面的卵。

衝擊的真相！

推薦影片
Q！

此品種主要在韓國採放牧牛羊的地區、江原道部分區域和濟州島才看得到喔。

♪ 出發囉～我們倆去抓銳胸角舖糞蜣～

快快長大唷

銳胸角舖糞蜣的後腳無法滾糞便！所以，牠們主要是在馬或牛的糞便下挖洞生活。如果是夫妻，雄蟲就會把糞便搬移到洞內，讓雌蟲把它捏成團狀！

12！12！
我們是一心同體的夫妻！

轉　轉

會滾糞球的是糞金龜！
不會滾糞球的就是銳胸角舖糞蜣！

說到糞金龜，大家一定以為牠們都會滾大便，但其實不是！相較來說，腿長的糞金龜會滾糞便，但是腿短的銳胸角舖糞蜣就不會滾糞球！

你也滾滾看吧！！

不要！

所以，生活方式有點不太一樣，糞金龜會在糞便附近滾好糞球後，移到沙地上挖洞將糞球埋進去。但是銳胸角舖糞蜣會直接就在糞便下方挖洞，然後在洞裡製作糞球並儲存！

我在洞裡用手捏唷～！

轉轉

銳胸角舖糞蜣到哪去了？一定又跑去哪閒晃了吧！

也正因為習性的不同，比起不會滾糞球的銳胸角舖糞蜣，會滾糞球的糞金龜更容易被像鳥這樣的天敵捕捉為食，所以，才會說很難看得見牠們的身影啊！

哦？！不錯吃耶？

喀啊啊

那麼多的糞金龜都到哪去啦？

糞金龜有個很悲傷的傳說，糞金龜喜歡以草為食的牛的糞便，也喜歡滾糞球。但是，許多牛只吃飼料，所以糞便很稀。這樣牠們就沒辦法滾成糞球，結果最後連卵都下不成，甚至有滅絕的危機。

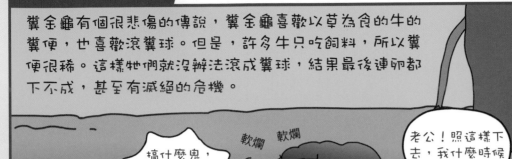

搞什麼鬼，怎麼都不會結團

軟爛　軟爛

老公！照這樣下去，我什麼時候能產卵啊！

事實上，糞金龜在大自然中扮演了相當重要的角色！
將糞便滾成糞球，成為土壤天然的養分，而且又會分解糞便，所以，也能減少溫室氣體。

我滾
我滾

用力
用力

再稍等一下～我這就過去澳大利亞清屎囉！

AIR AFRICA

快來吧～
糞金龜！

澳洲

也因為如此，為了多到不行的牛糞而傷透腦筋的澳洲，**遠從非洲以高價購入糞金龜**，最後才得以解決這個問題！因為，在澳洲沒有吃糞的昆蟲，總之，糞金龜不管是在**韓國、還是澳洲，都是非常珍貴的黃金之軀啊！**多虧牠們，我們才能吃到美味的澳洲牛肉！

花朵上的特技飛行好手
柑橘鳳蝶 vs 虎鳳蝶

春暖花開時，就會有一群蝴蝶在花朵上翩翩飛舞！花花綠綠的紋路，不管怎麼看都覺得很像，而且還不是普通的難分辨啊。

柑橘鳳蝶

啊撒，柑橘鳳蝶

韓國人覺得牠翅膀上的斑紋長得就像老虎的條紋，所以，在韓文名字上用了「老虎」（柑橘鳳蝶的韓文是호랑나비）這兩個字！這種蝴蝶在韓國很常見喔！

推薦影片 Q！

體長約8cm～12cm，結蛹的型態可分為在冬天時結的春蛹和在春天結的夏蛹，夏蛹遠比春蛹來得大！

柑橘鳳蝶喜歡花！所以，有很多花的田野或花園都能看見牠們，而且牠們特別喜歡像是白日紅、益母草等鮮紅色的花朵呢！

特別是前翅中脈上有條紋。

嗯…好臭啊！

哦？和我長得很像耶！

尾端突出很長！

頭部有著「臭角」的黃色角，當生命受到威脅時，牠會高舉頭及胸部，然後臭角會彈出來，並散發異味！

當遇到天敵時，就會使用假眼睛！

這是寶可夢裡面的「綠毛蟲」牠就是看著柑橘蝶的幼蟲所製造來的角色喔！

這是枸橘樹的果實

44

不過，只需知道一點就可以一秒鐘分辨出來！就讓雞蛋博士來告訴你吧！

相似度90%
區分難度★★★★☆

出發囉！

牠因為生活在山上，所以叫做虎鳳蝶。

雖然長得和柑橘鳳蝶很像，不過居住的地方完全不一樣。**也因為牠住在高山上，所以，在韓文名字中才會有個「山」字！**

虎鳳蝶

前翅的中脈就像墨汁在宣紙上擴散的模樣，呈現**暈染效果**的淡黑紋路。

Hi~!

臭角！
當生命受到威脅時，牠就會用臭角攻擊！

我還以為只有魚才會有鱗片！

美味的芹菜～

尾部突起，並且也很長！

與柑橘鳳蝶幼蟲不同，**身體有黑色條紋和橘紅色點點，所以，很好分辨！**

芹菜、防風、當歸、白芷等屬繖形科的植物牠都很喜歡！

翅膀是由稱作「鱗粉」的微小鱗片所覆蓋，是不是很像瓦片一片片堆在上面啊！因為有鱗粉，所以，抓到蝴蝶的手才會沾上許多粉末！

翅膀中脈有條紋的就是柑橘鳳蝶！
翅膀中脈沒有條紋的就是虎鳳蝶！

柑橘鳳蝶和虎鳳蝶的斑紋很相近，所以不好分辨。不過，只要知道前翅有條紋的就是柑橘鳳蝶，這點就夠了！

虎鳳蝶的前翅沒有條紋。不過，前翅上頭有著像潑墨般的黑色紋路。

而且，幼蟲身上的斑紋也完全不同喔！柑橘鳳蝶幼蟲是平滑的草綠色，虎鳳蝶幼蟲則是在黑色條紋上有橘色的點點！所以，看幼蟲最容易分辨！

柑橘鳳蝶幼蟲的生存方式！

柑橘鳳蝶幼蟲因為身體很柔軟，所以，看起來很弱小，但是牠會用各種方式來保護自己。1歲～4歲的幼蟲因為顏色長得像鳥屎，所以，能夠欺瞞天敵的眼睛來保護自己不被吃掉！

當牠們長到5歲時，頭上就會有化學武器！牠們會利用臭角來嚇跑接近的天敵們。這氣味比想像中還要難聞，連人類都會被這股惡臭味嚇到呢！

為了不映入天敵的眼睛，牠們的身體顏色也會隨著周遭的樹葉改變。加上胸口有假眼，所以，當天敵靠近時，牠們就會像蛇一樣高舉頭和胸部，讓對方感受到威脅！牠們的武器比想像中來得要多啊！

觸角很長的帥氣昆蟲
韓國巨天牛 vs 天牛科

很多人看到觸角長的昆蟲，大多數都是韓國巨天牛！不過，不是只要有長觸角就都是韓國長角天牛喔！

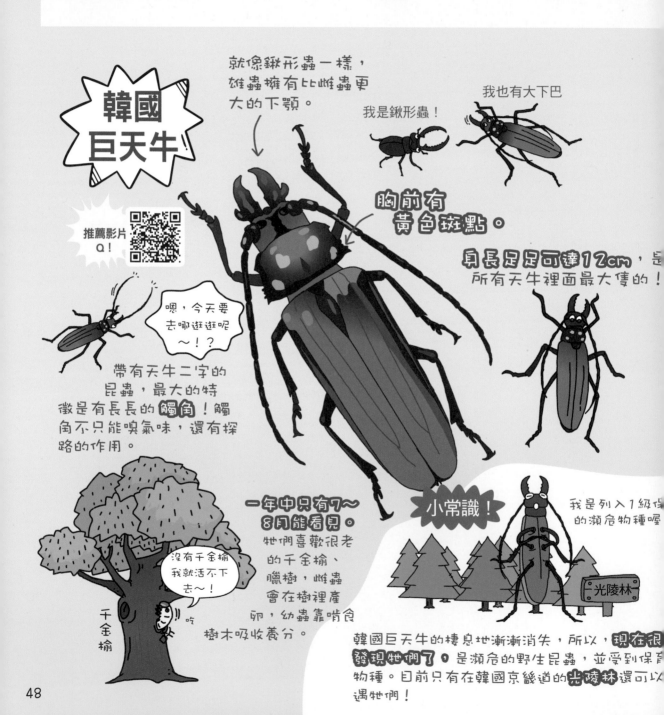

韓國巨天牛

推薦影片Q！

就像鍬形蟲一樣，雄蟲擁有比雌蟲更大的下顎。

我是鍬形蟲！

我也有大下巴

胸前有黃色斑點。

身長足足可達12cm，是所有天牛裡面最大隻的！

嗯，今天要去哪逛逛呢～！？

帶有天牛二字的昆蟲，最大的特徵是有長長的觸角！觸角不只能嗅氣味，還有探路的作用。

沒有千金榆我就活不下去～！

千金榆

一年中只有7～8月能看見。牠們喜歡很老的千金榆、櫟樹，雌蟲會在樹裡產卵，幼蟲靠啃食樹木吸收養分。

小常識！

我是列入1級保⋯的瀕危物種喔

光陵林

韓國巨天牛的棲息地漸漸消失，所以，**現在很⋯發現牠們了**。是瀕危的野生昆蟲，並受到保育物種。目前只有在韓國京畿道的**光陵林**還可以遇牠們！

那麼韓國巨天牛又有什麼樣的特徵？
就來和天牛比較看看吧！

相似度90%
區分難度★★★☆☆

GO GO!

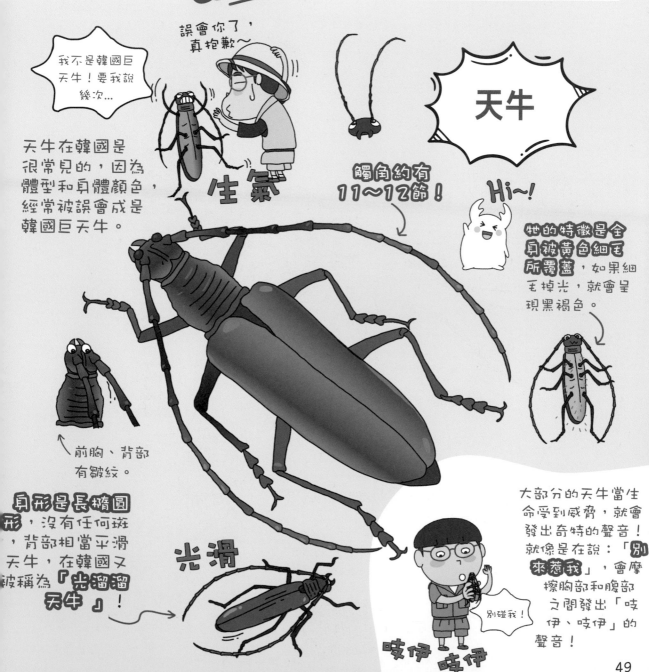

誤會你了，
真抱歉～

我不是韓國巨
天牛！要我說
幾次...

天牛

天牛在韓國是
很常見的，因為
體型和身體顏色，
經常被誤會成是
韓國巨天牛。

生氣

觸角約有
11～12節！

Hi～!

牠的特徵是全
身被黃色細毛
所覆蓋，如果細
毛掉光，就會呈
現黑褐色。

↑ 前胸、背部
有皺紋。

身形是長橢圓
形，沒有任何斑
紋，背部相當平滑
天牛，在韓國又
被稱為「光溜溜
天牛」！

光滑

大部分的天牛當生
命受到威脅，就會
發出奇特的聲音！
就像是在說：「別
來惹我」，會摩
擦胸部和腹部
之間發出「吱
伊、吱伊」的
聲音！

別碰我！

吱伊 吱伊

胸前有黃點的是韓國巨天牛！
胸前沒有黃點的就是天牛！

有很多人會混淆韓國巨天牛和（一般）天牛吧？我們就來幫助你瞭解牠們的幾個大特點吧！

首先是體型！把韓國巨天牛和天牛實際相比較一下，韓國巨天牛是天牛的1.5～2倍大喔。

你是吃什麼怎麼長這麼大啊？

干！金！榆！

―15cm
―10cm
―5cm
―0cm

而且**胸前有黃點就是韓國巨天牛！沒有的就是（一般）天牛！**
還有，跟鍬形蟲一樣，有大下巴的就是韓國巨天牛！
怎麼樣？韓國巨天牛所擁有的外貌比天牛華麗很多吧！

喔！大下巴和黃點…認同！

simple is best（自然就是美），認同！

認同

認同

最後，**韓國巨天牛很難在岀磅林以外的地方看到，然而（一般）天牛可是在附近的樹林隨處可見喔！** 所以，人們發現的韓國巨天牛大多都只是（一般）天牛。

真的嗎？

我抓到韓國巨天牛啦！！

哈啊～我是一般天牛啦…是叫天牛嗎？是嗎？

韓國巨天牛是大陸移動說的證據？！

韓國巨天牛主要居住在東亞（韓國、中國、俄羅斯），不過，以遺傳學來說，和韓國巨天牛相近的昆蟲全都住在中南美洲！

哦？那邊有很多和我相似的孩子們？

以前大陸是相連在一起的...

惟獨韓國巨天牛住在東亞，為此感到奇怪的昆蟲學家研究後的結果發現，原來以前東亞和美州是相連在一塊的。

所以，韓國巨天牛扮演著能夠證明「在很久以前亞洲和美洲大陸是相連在一起」的重要角色！

(小聲)不過，你叫什麼啊？

*?&%#@!

我們果然是一家人！大哥，真高興見到您！

這裡是刺激的弱肉強食世界

動物館

斑點猛獸
花豹vs獵豹

有著花花綠綠的斑點猛獸－花豹和獵豹！牠們銳利的眼神以及可怕的長相，讓草原增添了恐怖的氣息，但是牠們的習性可是大不相同喔！

花豹

花豹主要**分布在亞洲和非洲**，身長約120cm～180cm，體重30kg～80kg！公豹的體型比母豹還要大！

我更大隻！

整張臉都有斑點。

母豹　　公豹

花豹**隱蔽性極強**，就如同鬼神，風吹不見蹤影。是獨居動物，具有很強的領地性。

?!

下巴和脖子都很有力，能夠咬住比自己體重多出2～3倍的獵物爬到樹上！

博士！我來帶你參觀首爾的風光！

好可怕！

毫無疑問，你就是我今天的糧食！

偷偷摸摸

有長長的尾巴，到尾端都有斑點。

樹和花豹彼此是分不開的！因為當牠在啃食獵物或是休息，甚至連睡覺，都會在樹上進行！所以，牠很會爬樹，搞不好還能抓猴子來吃呢！

狩獵方式是會悄悄地接近獵物，乍看之下，花豹身上的這些**斑點會在草原上閃閃發光**，最適合藏身了。再加上牠的**身形比獅子小**，所以能比獅子更靠近獵物多5m！

牠們的狩獵習性有多大的不同，就讓我們來一窺究竟吧！

相似度80%
區分難度★★★★☆

LET'S GO～

媽媽何時回來？我好餓喔！

獵豹

長了一張無畏的臉，有著一雙如南瓜色般漂亮的眼睛！

獵豹外出狩獵時，擔心獵豹寶寶會被其他的猛獸襲擊，所以，會將其藏好再出發。獵豹寶寶的絨毛顏色和周圍的蘆葦顏色相近，可作為保護色。

推薦影片Q！

因為獵豹敏感、善良的個性，與其他猛獸相比，體型較小，也較膽小！所以，才會被稱為「非洲之貓」！不過，不可因此鬆懈！！因為猛獸還是猛獸！

獵豹的標誌！淚！是不是哭得太多，才有這淚溝啊？其實這主要是為了避免陽光折射刺傷眼睛所進化而來的淚腺！就像是運動選手在眼睛下方塗上黑色油墨，有著相同的效果！

說到跑步，就不能不提獵豹！

猛獸就是猛獸，可別誤會啦！

尾巴比花豹來得短且粗，斑點只到中段，後段是條紋，最尾端則是白色的毛！

我才是始祖！嗯？

嗯？

牠有著抓地力極好的大腳，足足能跑出120km的時速。多虧有這雙大腳，狩獵有30%～40%的高成功率！羚羊、兔子、鹿，都是獵豹常見的食物。

牠怎麼跑這麼快啊？

啪啪啪啪

55

沒淚腺的就是花豹！有淚腺的就是獵豹！

花豹和獵豹最鮮明的差異就是臉上的 涙腺！比獵豹還要凶狠的猛獸都是在夜晚狩獵，而獵豹則是在早上狩獵！所以，能夠吸收強烈太陽光的黑色淚腺才會變得發達。

而且花豹在捕捉到獵物後，會將比自己還重的獵物拖到樹上啃食，而獵豹則是會躲在獅子或鬣狗看不到的地方，快速將獵物吃掉。

斑點看似相似，卻有不同。獵豹的斑點是純黑點，花豹的斑點則是如花朵狀的空心圓，外圈黑，裡面是褐色，較為複雜！

獵豹比尤塞恩‧博爾特（Usain Bolt）還要快？！

相信很多朋友都體會不出獵豹到底速度有多快吧？所以，我就來為大家簡單地解說一下。

獵豹最快的速度可以到達時速120km（100m只需3秒就完成），地球上跑得最快的男人—尤塞恩‧博爾特的時速則是38km（100m需9.58秒）！

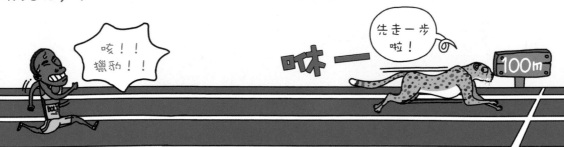

但是，相較於短跑，**獵豹長跑時可就不行了！**當牠跑了200m～300m之後，體力就會急速下降，**如果超過500m，體力就完全到達極限**，一定要休息才行！

靈長類的代名詞
大猩猩 vs 黑猩猩

靈長類的大猩猩和黑猩猩長得很像人類！因為智商高，能夠使用手和腳。也因為牠們有脊椎，所以也能站立行走。

頭上有一塊突起，那個不是肉，是整塊的肌肉。

好吃!!

你喜歡吃「草」嗎？

大猩猩居住在非洲的剛果和盧安達，身長160cm～180cm，體重約70kg～135kg，是靈長類中體型最大的。

雖然有著粗曠的外表，但牠的個性很溫馴，愛好素食的和平主義者。

臉黑色、無毛，鼻子扁平。

好像啊！

牠們的基因與人類相似度高達97%～98%，智商很高，如果透過訓練，還會使用手語。

牠的手指就像人類一樣，有指甲和指紋。

雄猩猩的背部有銀色的毛，稱為「銀背」。猩猩是群居動物，由成年雄性大猩猩領導，並和幾隻母猩猩一起生活

大猩猩逐漸消失的原因

就是因為「鈳鉭鐵礦」。鈳鉭鐵礦是主要用於手機等電子產品的一種天然礦物資源，尤以大猩猩所居住的非洲最多。人類為了輕鬆開採鈳鉭鐵礦，便隨意地射殺大猩猩，也因為這樣，大猩猩的數量銳減。

看看這傢伙的人氣...牠真帥！

聰明的靈長類代名詞－大猩猩和黑猩猩，就讓我們來看看，牠們究竟和人類長得有多像，而兩者又有何差異呢？

GO GO!

相似度80%
區分難度★★★★☆

頭毛稀疏，
耳廓大。

長相溫和，但個性差，**帶有攻擊性**。

黑猩猩

你知道嗎？

黑猩猩**主要居住在中非熱帶雨林**，身長120cm～160cm，體重30kg～60kg！是靈長類中體型最小的。

牠是群居動物，位階制度嚴謹，不過，也很團結，所以，經常和其他族群打群架。

咕哎哎　這是我的

懂得用手使用道具，會將口水沾在細枝上，然後放入白蟻所在的柱子裡抓白蟻來吃。也會用兩顆石頭撬開堅硬的堅果外殼。

美味

我最愛吃了～和朋友們一起最好吃！

屬於雜食性，水果、堅果、昆蟲、肉食等沒有不吃的。

臉是黑色的是大猩猩!
臉是肉色的就是黑猩猩!

大猩猩和黑猩猩最明顯的差異莫過於 臉的顏色 !大猩猩的臉是黑色的,而黑猩猩的臉是相近於人類的肉色。

是美男耶!

你的臉上有點東西!有·點·帥!

我就叫你別擋了!因為「帥」到無法擋!

而且在口味上也有很大的差異! 黑猩猩是菜、肉都吃的雜食性動物 ,而 大猩猩主要是吃草為生的素食主義者 。

不用了~謝謝

你要不要吃肉?這很符合你的形象!

大猩猩是素食者,不過卻長得比黑猩猩高大,所以,黑猩猩無法隨便招惹牠。但膽子卻 很小、很溫和 ,不會欺負其他動物。當然,如果我們進去園裡,大猩猩會怎樣呢,就無人知了。哈哈哈

喔,猛男!

肉也不吃,吃什麼長這麼大啊?

噴飯

力量!!

大猩猩搥胸是為了威嚇對方？！

大猩猩有一個特別的行為就是**會敲打自己的
胸口**，為什麼牠要搥胸呢？

我知道！！
因為胸悶！

嗯？

一起好好生
活吧，
喔喔喔！！

空匡
空匡

好喔！但
有點可怕
啊…

搥胸是大猩猩的一種表達方式！但大家
都誤解成生氣或是為了威嚇對方，實
際上，牠們是在說：「**停火，別再
打了，我們一起好好生
活吧！**」通常大猩猩
搥完胸，接著就會離
開那裡，很酷吧？！

小常識！
這裡要來告訴大家
一個有趣的資訊，
那就是大猩猩
在搥胸的時候，
用的是手掌
，並不是
拳頭喔！

要用手掌拍打
才好聽啊！

咚咚

駱駝的後裔
羊駝 vs 美洲駝

分布在南美洲草原上的羊駝和美洲駝！牠們都是住在4,000m～5,000m的高原或森林，是駱駝的後裔喔。

羊駝

推薦影片Q！

羊駝住在**南美洲的安地斯山脈**，為了取得牠們身上的皮毛，將牠當作家畜飼養。韓國就是將牠當羊一樣在養。

NO！

這是長頸羊嗎？

安地斯山脈

耳朵短，豎耳。

臉上有蓬鬆的毛。

體型只有美洲駝的一半，身材較小，肩高約1m！

果然是羊駝，毛溫暖又舒服！

屁股上掛著一條毛絨絨的尾巴。

羊駝毛最長可長到40cm，一年可獲取3kg的皮毛。皮毛則有黑、白、褐三種顏色，其中又以白毛質地最為柔軟！牠們的皮毛比羊毛輕盈和柔軟。因為保暖度高，所以，從以前就經常用在昂貴的衣服上。

我們的行為都很紳士呢～

羊駝會在固定的地方大便，是相當愛乾淨的動物呢！

羊駝便所

62

我們就一起來瞭解有著豎耳、蓬鬆軟毛的羊駝和美洲駝吧，出發！

相似度90%
區分難度★★★★★

HERE WE GO！

耳朵長得像彎曲的長香蕉。

臉上光滑無毛。

當有擄食者出現時，會發出「噗唉唉」的警告聲！所以，稱牠是羊群守護者正適合不過了～！

噗唉唉！

啊，吵死了！

美洲駝

尾巴比羊駝短且圓。

嘴巴小且長，會向比自己位階低的個體吐口水，表示示威。

謝謝你～美洲駝！

我呸一

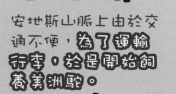
安地斯山脈上由於交通不便，**為了運輸行李，於是開始飼養美洲駝。**

哇咧！！這太重了吧！！

不行！

但是！！
牠一點都不溫和，要是牠一個不高興，會將行李拋下或亂丟。所以，不要讓牠背太多...

羊駝和美洲駝交配後所生下的孩子稱作「HUARIZO」，不幸的是，HUARIZO沒有辦法生產後代。

臉上毛多的是羊駝！臉上無毛的是美洲駝！

可用臉上**有無皮毛**分辨出是羊駝、還是美洲駝！如果有許多蓬鬆的毛，就是羊駝！如果幾乎沒毛的，就是美洲駝！！只要這樣區分就行囉。

你的臉應該很冷吧

呵呵呵

咭！

萬一羊駝的毛全被剃光的話！！就靠這點來區分！
美洲駝的耳朵像彎曲的長香蕉，羊駝則是短豎耳。

你的耳朵為什麼這麼長～

我耳朵怎麼了～

光看耳朵還是分辨不出來的朋友，就看牠們的體型吧！

我最適合背行李，有寬背！長腿！

好加在，我背不了沉重的行李～

你們要不要來理個毛啊？

震動

美洲駝的身形是羊駝的兩倍大，腳也較長，看起來較靈活！羊駝感覺比較小巧可愛！

64

吐口水的羊駝和美洲駝？！

羊駝和美洲駝有一個最特別的舉動就是吐口水！
長得一臉無害的動物，吐口水的原因到底是什麼？
是生氣的表現嗎？

聽說你們…
會吐口水？

理由就是 **位階排名或是當自身
領域遭受侵犯的時候**，吐口水
是為了警告對方。

對了！要是母羊駝懷孕，雄
羊駝會對牠吐口水！

咳啊啊

哇－

哇－

啊啊啊啊！

但是，這口水不是單純的口水喔，這是 **從胃裡吐出消化食物
的酸水**，所以有腐臭味！

唉喲！這
是什麼味
道啊？？

哼！為什
麼只對我
這樣！

喂，你挫屎喔？

是我們吃
的草味
嗎？？

ㄎㄎㄎ

竹子愛好者
大熊貓vs小熊貓

想必大家應該都知道「功夫熊貓」吧？裡面的主角「阿波」就是大熊貓。以及名字和大熊貓相似，長相卻完全不同的小熊貓。

大熊貓

Hi~!

大熊貓是中國大陸的國寶！體色為黑白兩色，相當獨特。也因此獲得全世界的人所喜愛。

有著圓臉、圓耳朵。

嗯～總是想吃！

雖然是熊，但牠不會冬眠，很意外吧？

伊啊

就叫你別惹我了～！

呃啊啊！

外型圓滾滾的，雖然可愛，但牠也有在動物園裡攻擊人類的恐怖紀錄。所以，牠並不是長得如牠外表那般善良，請各位小心！

小常識！

大熊貓是草食性動物嗎？錯！雖然牠吃很多竹子，但牠並非草食性動物！牠也是會抓各式各樣的小動物來吃的雜食性動物喔

偶爾也會吃肉

眼睛周圍、四肢都是黑色的毛。

大熊貓的主食是竹子！一天10～12個鐘頭都在吃東西一共要吃掉12kg的竹子，個大胃王

大熊貓寶寶剛出生時就像倉鼠一樣，全身無毛，身長只有15cm長！3個月之後就會行走，6個月後就會吃竹子了。

100g

小熊貓就是卡通「功夫熊貓」裡的師父！我們就來看看這兩者是什麼關係，為什麼都叫「熊貓」呢？！

HERE WE GO！

牠居住在印度和尼泊爾，與其說是熊貓，其實長得更像浣熊！比大熊貓小，而正因為牠小，所以才會使用「LESSER」這個英文單字，「LESSER PANDA（小熊貓）」。

牠是雜食性動物，但因為對其他食物消化慢，所以吃很多竹子。

小熊貓

豎耳，外緣有一圈白毛。

臉及背上的毛是紅褐色，肚子和四肢的毛是黑色。

兩頰和眼睛周遭有白色的毛。

ZZZ
呼嚕

因為牠是夜行性動物，所以，白天會在高的樹木上，或是有陰影的地方睡覺。

尾巴有著紅褐色及白色相間的條紋，最尾端是一撮黑毛。

牠的手和大熊貓一樣耶！

因為牠們會抓著竹子吃。所以，腳趾很發達。雖然有五根腳趾頭，但因為腕骨突出，就像是為大拇指，乍看之下，彷彿有六根腳趾頭！

小熊貓有時會用兩腳站立，呈萬歲姿勢。在打鬧或是爭吵時，就會擺出讓身體變大、威嚇對方的模樣。不過，就算是這副模樣，還是很可愛啊！

你閃邊！

你還不閃開嗎？！別擋路！

67

決定性的差異！

毛色黑白的是大熊貓！
毛色紅黑的是小熊貓！

我是黑白！

其實大熊貓和小熊貓很好分辨！
有著黑毛和白毛的大塊頭就是大熊貓！
而帶有黑毛和紅毛，體型小的就是小熊貓！

我是紅黑！

身形和種類也不一樣，因**熊貓屬熊科**，所以體型大，**小熊貓屬浣熊科**，所以體型和浣熊相似！

我們的身材很像啊！

我們也是～

不過兩者卻有個悲傷的共通處，就是**牠們都屬於瀕危物種**……。大熊貓瀕臨絕種的其中一個原因是因為「**太懶**」。要是附近沒有竹子吃的話，牠們寧願餓死。再加上牠們只吃竹子，造成**營養嚴重失衡**，所以，才會瀕臨絕種。

大熊貓，你動一動吧！！也吃吃其他食物嘛！

真麻煩…

真煩人！我就喜歡竹子，能怎麼辦～

「熊貓」是什麼意思？？

那你呢？？

你為什麼是
熊貓？

熊貓和小熊貓！兩者都叫做熊貓，但也長得
太不一樣了吧！到底為什麼牠們會被叫做
熊貓呢？

熊貓（PANDA）一詞源自於尼泊爾語，意思是
「吃竹子的動物」。所以，這兩者才都會被稱作是「熊貓」。

你也愛竹子嗎？

好
吃

嗯！！很順口！
超美味的！

其中體型大的就叫「GIANT PANDA（大熊
貓）」！體型小的就是叫「LESSER PANDA
（小熊貓）」，以此方式簡單區分。

不過，我們的名
字不會取得太隨
便了嗎？嗯～不
開心！

大口狂嗑

咀

就是說啊！因為
不高興，所以肚
子更餓了！看來
要多吃點。

嚼

69

像貓一樣的小型野獸
豹貓vs山貓

除了老虎、花豹，其他也很兇猛的動物是誰呢？熊？還是山豬？都不是！而是豹貓和山貓！

豹貓是一種被稱作野貓的**夜行性貓科動物**。有著和貓咪相近的外表，所以，可能會混淆，不過，尾巴比貓咪來得**大且厚實**，感覺更為霸氣。

豹貓

從鼻子到耳朵有條白線，耳朵後方則有白色的半月圖案。

耳朵圓圓的。

下巴肌肉發達，所以，有**很強的咬合力**，主要捕捉小動物或鳥為食。

身上有著許多小斑點。

抓到你了！你這傢伙～

伊呀

喀

呃啊！

牠可是近來擾亂韓國生態界物種一河狸的天敵喔！

?!

在韓國，豹貓在日據時期取代了**消失的老虎和花豹**，成為**最強的捕食者**。因此牠被列入2級保育類野生動物。

豹貓在韓國不易見到的原因！
是因為**老鼠藥**！因為牠獵食吃了老鼠藥的老鼠或是鳥類，結果間接被毒死了。

老鼠藥

啊！

雖然長得一副貓咪樣，但牠可是坐穩山林猛獸的寶座喔！那麼我們就出發來感受豹貓和山貓的威嚴吧！

動滋 動滋～

生氣

山貓

遺憾的是山貓在韓國已經絕種了，只能在北韓的蓋馬高原上偶爾看到。

統一的話，就來看看我吧！

蓋馬高原

臉乍看之下像老虎，在以前還被拿來笑說是「醜老虎」。

耳朵是三角形狀的豎耳，頂端有一撮長長的毛。

尾長約20cm，尾端是黑色的毛。

Hi～!

山貓是唯一一只會捕捉如山豬、水鹿等獵物，卻不會攻擊人類的猛獸。所以，在韓國，為了減少農家的損害，正研究如何使山貓重生。

身體上有褐色和黑色的斑點。

腳板寬大，逃跑前有先用後腳撥沙的習慣。

我連山豬也抓！

幹嘛突然這樣～

讓你嚐嚐土味！

咕哮

吼喔

體型是豹貓的8倍大。

體型介於豹貓和老虎之間，所以，牠是能獨自捕捉鹿、水鹿或是小山豬的好手。

啪

尾巴長的是豹貓！
短尾的是山貓！

豹貓和山貓的**決定性差異就是尾巴！**
簡單來說，尾巴長的就是豹貓！短的就是山貓！
山貓的尾巴看起來就像被剪掉的一樣，只有一小段。

我的尾巴長又厚！有尾巴的模樣！

我的超短。

不過，**山貓的體型是豹貓的8倍**，所以，令人更有猛獸的感覺！

唉唷，小朋友～我比你還要高喔！

喔！山貓的塊頭真是大好多啊！

彎扭彎扭…

最後，**山貓耳朵尾端有著一撮黑色長毛**，是不是帥氣爆表啦！豹貓**耳朵偏圓，長得比較可愛！**不過別忘了，牠們可是猛獸中的猛獸！

豎耳

圓耳

即便如此，也別忘了牠們是猛獸喔！

你們知道狗老虎嗎？

狗山貓、虎狗、狗老虎、狗貓崽子……。
到底說的是什麼呢？每個地區叫法雖然不同，但說的都是同一種動物！

是兩者中的誰呢？

狗老虎！虎狗！

嗯？

為什麼？

就是山貓的別稱，這些名稱的共通點就是都有「狗」！

等等？為什麼用「狗」這個字呢？明明長得像貓啊

對此我也感到很疑惑…

會用狗的理由是！
古人雖然看山貓長得像老虎，但卻又不是老虎，因為界定不明，就在前面加個狗，表示「**雖然像但不是**」、「**次等**」的意思。

嗚嗚

真受傷

沒關係啦，你跟老虎一樣帥，那些人還叫牠「豹喵」呢。呵呵

是豹貓，不是豹喵！

爬樹好手
花栗鼠vs松鼠

一眨眼的時間，就從這棵樹移動到對面樹上的爬樹好手－花栗鼠和松鼠！長相也是樹林裡的小可愛。

花栗鼠

小常識！

花栗鼠會在地底或是樹上築巢，還會分房間生活唷，分別是廁所、糧倉和睡房！

廁所　睡房

糧倉

全身是褐色，背部有五條黑色的條紋！因模樣可愛，不少人當寵物飼養。

推薦影片Q！

提醒！請不要在山裡帶橡實回來！橡實是花栗鼠整個冬天的糧食！牠會將橡實儲存在地底下，需要的時候再拿出來吃。

因為兩頰彈性很大，一次可以塞到8顆花生，這也是因為牠有儲存食物的習慣。

橡實是花栗鼠的！！

請留給我們

跑起來就像風兒、飛箭般！飛快！

由於花栗鼠動作敏捷，又跑得快，所以韓文會在「鼠」的前面加上「快跑（ㄉㄚˇㄌㄧㄢ）」，變成「快跑鼠（ㄉㄚˇㄌㄧㄢˊㄐㄩ）」。

唗一

嗯？巧克力棒？

等等！我一開始就把巧克力棒吃掉了嗎？

衝擊的真相！

嘖嘖～就是要大快朵頤！

牠們也會撿掉在地上的橡實、栗子、花生來吃。

牠們也會抓像昆蟲或青蛙等小生物來吃，甚至還會偷登山客的巧克力棒來吃喔。

74

接著我們就來看看花栗鼠和松鼠各自
的習性，以及靠什麼維生吧！

相似度60%
區分難度 ★★★☆☆

LET'S GO!~

身體顏色是灰褐色，肚子是白色
的毛！實際上，看起來是隻很可愛
的動物！

我的毛還可以拿來
做毛筆！！什麼？
你說我是外來種？

松鼠

松鼠以前在韓國被叫做
「青鼠（청서）」，
在朝鮮時代會拿牠們
的毛來做成毛筆。
難怪英文名字會
叫「KOREAN
SQUIRREL（韓國松
鼠）」。

松鼠有分夏天、
冬天兩種版本。
夏天牠們耳朵上的毛
很短，冬天時毛就會
變長，用來
禦寒。

冬天　夏天

果然毛筆就是要用
松鼠毛！

尾巴比花
栗鼠的更
長、更
蓬鬆。

會摘結在樹上的栗子、
花生、橡實果實來吃。
牠們特別喜歡松子和栗
子，自然也就被栽種松子
和栗子的農家討厭囉。

會像鳥一樣收集樹枝，
在樹上築巢。

75

松鼠和花栗鼠是森林園丁？！

恐怕連松鼠和花栗鼠自己都不知道，牠們被人
類稱為「森林園丁」，為什麼會有這樣的稱呼
產生呢？

我也不知道
～人類是這
麼說的～

什麼！我們是
森林園丁？

我們？

松鼠和花栗鼠為了過冬，會將食物 儲存在地底下！不過，牠們都
會忘記擺放的位置。

你有看到我
的食物嗎？
沒看到嗎？

哈哈哈

我也不清
楚.....我的放
到哪去了？

松鼠和花栗鼠找不到的食物大多數都是
有種子的，所以，會在樹林裡長成許多大樹！
這就是森林園丁的由來！！

那就是我們！！

今天依舊會
種一株樹的
動物…

就算明天是世
界末日

空中帝王 金鵰vs禿鷹

金鵰（又稱金鷹）和禿鷹體型龐大又霸氣，因此有空中帝王之稱！名字雖然只差了一個字，但生活方式可是大不相同喔。

金鵰

金鵰居住在東北亞及美國，通常棲息在峭壁或是高山，對人類相當警戒。在韓國是被列為1級保育類的瀕危物種

空中帝王

腦門和脖子後方的毛是金黃色。

不行～！

馬麻！

喙（鳥嘴）呈彎曲狀，以便撕裂獵物，尾端是黑色。

視力好到能捕捉遠在2km處的兔子，是天生的獵人。

飛行速度約時速240km～320km！牠們會在天空翱翔，獵食浣熊、狼等大型動物。

就算小到像個黑點，我都能看得一清二楚！

太厲害了！你是千里眼嗎？

相較其他鷹類，身體顏色是金色的，所以稱之為「金鵰」。

甲！喔，8.0？

指甲既長又銳利，便於獵食或是抓住東西。不只是鳥類、兔子和羊，連狼都可以獵食，所以，被稱作是「空中帝王」。

牠們會將巢築在人手觸及不到的峭壁上，看起來雖然危險，但這對保護鷹寶寶來說，是最佳的選擇。

來吃飯囉！

嘰 嘰

這兩者的生活方式有何不同，我們就來一探究竟吧！

沒有禿頭的就是金鵰！
禿頭的就是禿鷹！

金鵰和禿鷹的代表性差異就是頭頂有沒有毛！
沒有禿頭的就是金鵰！禿頭的就是禿鷹！

真委屈！我又不是禿頭，為什麼要叫我「金禿鷹」？下次，請叫我真正的名字一「金鵰」！

稀稀落落

我的禿頭是遺傳

不過，禿鷹的體型比金鵰高大，動作也比較遲鈍。要是由麻雀的視角來看，就像是看到巨人吧？！

頭毛就代表全部了嗎？你比我還矮小

金鵰：約90cm
禿鷹：約150cm

牠是一般禿鷹的話，那他就是T.O.P

哇，好大！

小常識！ **美國的象徵是老鷹！**正確來說，是「白頭鷹」。

自由自在飛翔的強勁氣魄！

我不是禿頭…是白頭！

還有，**因為金鵰牠是直接獵食**，所以，英文是「**EAGLE**」！禿鷹不會獵食，而是去搶動物的屍體來吃，所以是「**VULTURE**」（有貪婪、趁火打劫的意思）。

加油啊！我在這等你！

什麼？什麼叫一般禿鷹？！！我可是狩獵猛獸！我要抓你來祭我的五臟廟！

呃啊啊！

啾 啾

對蒙古人來說，
金鵰是寵物鳥？！

金鵰有很出眾的獵食能力，能夠捕捉小老鼠、狐狸、甚至是狼。所以，以前
蒙古的哈薩克民族會養金鵰，帶牠一同出去狩獵！

唉呀，
真乖巧～

我什麼都
看不到啊

漆
黑

喔～喔
真聽話

他們會帶著剛會飛行的小金
鵰，以溫柔的口吻和模擬獵
物訓練牠們，然後下次再帶
出去一同狩獵。在開始狩獵
之前，他們會用眼罩之類的
東西蓋在金鵰的雙眼上。

拿掉眼罩的金鵰，可以在約2km處
清楚地看見獵物，並用最快
的速度將其捕獲。牠會在
天空中用最快的速度俯衝，
將指甲插入動物的脖子或嘴
巴，使其斷氣。

好了！那麼
現在要不要
試著放鬆腳
部肌肉呢？

咿啊

緊抓！

水底下的小龍
古里山椒魚vs爪鯢

只居住在韓國純淨地區的珍貴兩棲類－古里山椒魚和爪鯢！（台灣至少有五種山椒魚─台灣山椒魚、阿里山山椒魚、南湖山椒魚、觀霧山椒魚、楚南氏山椒魚。）

古里山椒魚

古里山椒魚屬於韓國特有種，因此，全世界只有在韓國才看得到喔！

推薦影片Q！

身長7cm～14cm！是山椒魚中體型最小的，身體顏色與落葉的黃褐色相近，部分是灰色。

這裡是我們的故鄉～

古里山椒魚是在韓國「慶南古里」被發現！只居住在慶南的2級保育類野生動物！

古里

因為牠們會在2月活動，是提前告知春天來臨的生物。

這是便便嗎？

哪裡會有這麼清澈透明的便便！！

抓到了！

牠們主要以石蛾和鞘翅目的水中小昆蟲為生！

尾巴不長，尾骨只有25節。

牠們會將卵產在細枝上，卵會被包覆在像"屎"的管狀膠質囊中。膠質囊具有保護卵的作用。

牠們只居住在深山溪谷、水田周圍乾淨的地方，屬於夜行性生物。

住在水溝的牠們被稱作小龍，俗名水蛇子，我們就來瞭解兩者的不同之處吧！

相似度90%
區分難度 ★★★★☆

GO GO！

只看得到尾巴！太搶眼了！

尾巴是身體的1.2倍長。因為在行走時，揮動比身體還要長的尾巴，所以，韓文才會取作「長尾巴山椒魚（꼬리치레도롱뇽）」。

尾巴就是要拿來搖的！

爪鯢

身長12cm～18cm，是山椒魚中體型最大的，身體是黃褐色，上面有黃色斑點。

只生活在1級水域！牠們當然喜歡乾淨流動的活水囉！

Hi~!

前腳有4根腳趾，後腳有5根腳趾！在交配期，腳趾後方會長出一塊小小的指甲，所以，又稱牠為「指甲山椒魚」。

我住的地方是純淨地區！BRAVO～

呀啊！我也想結婚啊！

雄性一到了交配期，後腳就會長出『精囊』！！

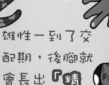

膠質囊和卵都是白色的！孵化期間約140天，也因為時間長，為避免被其他生物吃掉，牠會將卵產在洞穴的石頭下。也因為牠們會將卵產在隱密的地方，所以不易發現。

會將卵一次產在膠質囊裡。

有雙突出的大眼睛。

83

沒有黃點的是古里山椒魚！
有黃點的是爪鯢！

首先，是身體的顏色！**爪鯢**身上有黃色斑**點**，看起來很花俏；**古里山椒魚**身上沒有**斑點**，比較像落葉的顏色。

只需要知道這點就行了！有黃色斑點的是爪鯢，反之，就是古里山椒魚！

那麼～我是古里？！

那麼～我是爪鯢？

哦？這麼一看，我的眼睛比較大，而且還凸出來！

爪鯢的臉有著一雙大大的凸眼，相較之下，**古里山椒魚**的眼睛較小！

是爪鯢啊！你沒聽過有人說你的眼睛長得像青蛙嗎？

而且單看身體時，爪鯢體型較大，**尾巴也比身體長**。古里**山椒魚體型**較小，尾巴也較短。

你怎麼連尾巴都這麼長啊？

家門的榮耀

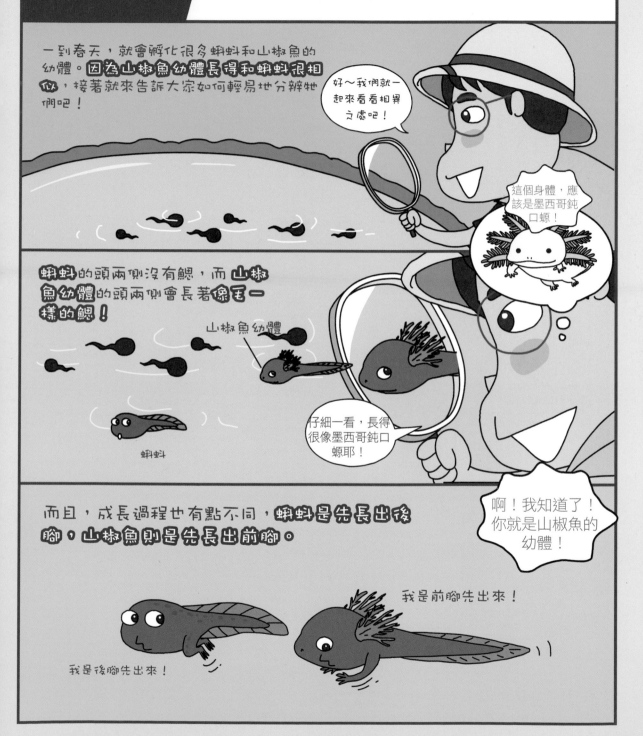

一到春天，就會孵化很多蝌蚪和山椒魚的幼體。**因為山椒魚幼體長得和蝌蚪很相似**，接著就來告訴大家如何輕易地分辨牠們吧！

好～我們就一起來看看相異之處吧！

這個身體，應該是墨西哥鈍口螈！

蝌蚪的頭兩側沒有鰓，而**山椒魚幼體的頭兩側會長著像毛一樣的鰓**！

山椒魚幼體

蝌蚪

仔細一看，長得很像墨西哥鈍口螈耶！

而且，成長過程也有點不同，**蝌蚪是先長出後腳，山椒魚則是先長出前腳。**

啊！我知道了！你就是山椒魚的幼體！

我是後腳先出來！

我是前腳先出來！

噁心的代名詞
日本壁虎vs麗斑麻蜥

居住在韓國的爬蟲類代表 —— 日本壁虎和麗斑麻蜥！表皮由角蛋白構成層層疊疊的鱗片所覆蓋，模樣實在噁心到令人起雞皮疙瘩！

日本壁虎

推薦影片Q！

我是搭船來的～嘎嘎嘎

分布在韓國南部郊區，韓國原生種幾乎絕種了，現在幾乎都是從日本進來的。

食物是蚊子、蒼蠅以及小害蟲！牠們會在住家裡到處抓小蟲來吃。因此，又稱牠為『居家蜥蝪』。

沙一

你知道嗎？

「吸附（붙이）」是指像吸鐵、血緣一樣，只因為長得像某某的意思！這是用在雖然長相相似，但不是該種類的生物上！除了日本壁虎，還有郭公蟲（개미붙이）、鞘翅目（사슴벌레붙이）。

你問我是因為牠很會吸附在牆壁上，所以，才用「吸附」這個詞嗎？

體長約12cm，身體顏色是灰褐色。

當生命受到威脅時，會切斷自己的尾巴逃生。別擔心！牠的尾巴馬上又會再長出來了。

有雙大大的凸眼，有眼皮覆蓋。

哦…你是？

我是？我可是爬牆高手！

腳底不同於其他蜥蝪，上頭有著能吸住牆壁的「吸盤」。所以，能夠吸附在天花板上。

媽呀！

咚！！

86

這兩者外型相似，不過生活方式卻截然不同！我們就來看看牠們的相異之處吧！

相似度60%
區分難度 ★★★☆☆

身長約20cm，特色是背部有花花綠綠的豹紋。

你是在學我嗎？

嗯？

麗斑麻蜥

耳朵長在外面。

?!

要是面臨天敵時，就會自斷尾巴逃跑。雖然尾巴會再重生，但是骨頭卻無法再生，所以不易控制方向。

眼睛上有眼皮。

腳上沒有吸盤，但有細長尖銳的指甲，很適合挖沙。

有咬痕的是雌蜥蜴！

我們是食物？

啊

哎呀！

牠們居住在多沙的海邊。主要以捕捉沙地上的小蚱蜢或是蜘蛛為食！

牠們是在打架嗎？
不是喔，雄蜥蜴在交配的時候會咬雌蜥蜴。因為頭越大，嘴巴也就越大，所以，才能抓得住雌蜥蜴？！而且牠們會在沙地上產卵，一次約3～4顆。

腳趾如吸盤模樣的是日本壁虎！
腳趾長得像鉤子的是麗斑麻蜥！

日本壁虎和麗斑麻蜥雖然都是蜥蜴，但有很多相異之處！第一，**腳趾形狀**，日本壁虎是很好吸附在牆壁上的**吸盤狀**，麗斑麻蜥的腳趾長得像**鉤子**，適合爬沙！

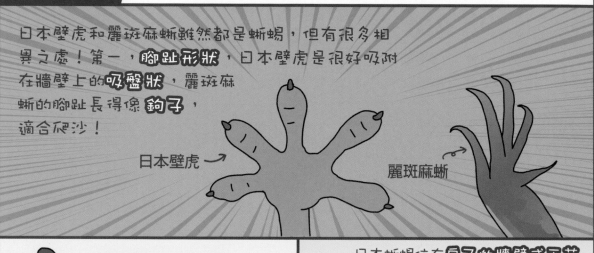

日本壁虎 → 　　　 ← 麗斑麻蜥

腳趾的進化不同都是因為兩者的居住地不同。

我的是適合爬牆的腳！

日本蜥蜴住在**房子的牆壁或天花板**，麗斑麻蜥住在**江邊或海邊**等沙子多的地方。

我是適合住在沙地上的腳！！

我是白天活動，夜晚睡覺的類型！

好吃

第二是**生活型態**！日本壁虎是在夜間活動的**夜行性蜥蜴**！麗斑麻蜥主要在白天活動的**晝行性蜥蜴**！

我是白天睡覺，夜晚活動的類型！

會脫掉鱗片的壁虎？！

2017年在非洲的馬達加斯加發現新種的日本壁虎！牠的名字是
『巨型壁虎』，是在1942年之後，時隔75年被發現的鱗虎屬
（Hemidactylus scabriceps）種類！

喔嗚～

楊博士！
你快看這
個～

發現新種？

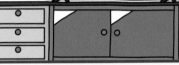
特種！
發現新種
日本壁虎

媽呀！快點
斷尾落跑
喔！

巨型壁虎和其他日本壁虎不同的地方，
就是當遇到天敵的時候！
一般日本壁虎會自斷尾巴逃跑。

嘟

巨型壁虎則是褪去全身的鱗片後逃跑，這樣
更容易躲過天敵！褪去鱗片的巨型壁虎外型就
像裸體一樣，不過，幸好牠的鱗片也能像尾巴一
樣再生！！

你…的真面
目是啥啊？

嗯？

嗚啊！

呼嚓嚓

咻一

致命的毒蛇
黑眉蝮蛇vs虎斑頸槽蛇

這二種都是帶有猛毒的毒蛇，黑眉蝮蛇和虎斑頸槽蛇都能在山林、湖水邊看到。

雖然只有一個名字，但有很多別稱～

韓國人覺得黑眉腹蛇有著像「喜鵲」一樣的黑白圖紋，所以，牠的韓文名字中才會有喜鵲二字！

黑眉蝮蛇！

七點蛇！

七步蛇！

因為頭上有V形字樣和七個點，所以又叫做「七點蛇」，臉呈三角形。

黑眉蝮蛇

有兩顆毒牙，雖然毒性不強，但如果量多，還是會致命。

阿

舌頭是黑色的。

我最喜歡懷蛋的時候了

眼睛後方到脖子沒有白線，因為白線是蝰蛇科（Viperidae，又名蝮蛇科）的特徵。

呃

身長約50cm～60cm，身體圓滾滾的。

博士！趕快去醫院啊！

嘎～那傢伙肯定美味！

我的獵物！

嘶

衝擊的真相！

牠不會下蛋，而是直接生下小蛇！實際上，幼蛇是蛋在雌蛇體內孵化之後，才生出來的，這就是所謂的「卵胎生」。

哆呀呀！

⚠️ 萬一在山裡被黑眉蝮蛇咬到的話？被咬到的部位會紅腫、失去知覺，然後精神呈現昏迷。為了不使毒性蔓延，趕緊用毛巾或是手帕在被咬傷的部位上方綁緊，接著用最快的速度去醫院治療！

黑眉蝮蛇的天敵就是！赤楝蛇！赤楝蛇對毒性有抗體，所以，即便是有毒的蟾蜍或毒蛇，都能抓來做食物！不過諷刺的是，赤楝蛇本身沒有毒。

90

我們就來一窺毒蛇的特徵，以及兩者的差異吧！

相似度90%
區分難度 ★★☆☆☆

GO GO！

91

脖子沒有紅色圖紋的是黑眉蝮蛇！反之，是虎斑頸槽蛇！

第一！是脖子上的圖紋差異。

黑眉蝮蛇的身體是灰褐色的底，上方有著深褐色或是古銅色的圓點。

虎斑頸槽蛇是綠色的底，上頭有黑色條紋！脖子處有鮮豔的紅色圖紋！

第二！可以根據**頭的形狀**來分辨！

從上方俯瞰**黑眉蝮蛇**時，牠的頭較大，呈三角形。

虎斑頸槽蛇從上方俯瞰，頭較小，呈橢圓形。

最後，毒牙的位置也不一樣！
黑眉蝮蛇的毒牙在前方！虎斑頸槽蛇的毒牙在後方，只有一點點！

黑眉蝮蛇莫須有的殺母蛇稱呼

黑眉腹蛇的韓文是까치살모사，
直譯為：喜鵲殺母蛇。
殺母蛇分開來看的話，

殺母蛇

殺人的殺／母親的母／蛇

有「殺死媽媽的蛇」
可怕的意思！不過，
這絕對不是事實！

原來你是這麼
殘忍的傢伙
啊？？！！

才不是！這是
一場誤會

本來，蛇科大多都是「卵胎生」，所以是生下幼蛇，不是蛋。當孩子
生完之後，自然會耗盡體力，而古時候的人看到奄奄一息的蛇媽媽，
就產生了「毒性要多強，孩子們才能把媽媽殺了」的誤解，這就
是殺母蛇的由來！

孩子們還真開心
啊！嘖嘖嘖，真
是不肖的子孫們

注意！牠並沒死喔！
^^a

唉唷，
沒力了

哎唷，怎麼會！
看來母親生下孩
子後就死了！

其實幼蛇不會咬、也不會殺死媽媽。牠們會一
起待上幾個小時後，就各自離開獨立生活。
現在不要再誤會殺母蛇囉！

呼…真的差點
造成殘忍的誤
會啊，真抱歉
啊～殺母蛇！

名字只是名
字，別誤解
喔！

好好照顧
自己啊～

媽媽，
再見…

這裡是喜歡水的

水棲生物館

最討人喜愛的孩子 水獺vs海獺

名字只相差一個字的水獺和海獺！兩者都擁有如黃鼠狼般可愛的外貌，因此，獲得許多人的喜愛。

水獺

我的毛可防水！！呼呼

嘻嘻

毛是褐色，因為有兩層，所以，裡面的皮毛不會浸濕，只需將外層的毛甩一甩，就乾了！

臉比海獺更修長。

體長約100cm～120cm，體重約10kg～13kg，居住在江邊。

推薦影片Q！

潛水時耳朵孔會自動閉上。

一百萬零二十一、一百萬零二十二～

嘿咻～

抓到了！

牠們是以魚、小龍蝦、螃蟹和青蛙為主的肉食性動物。

尾巴有身體的三分之一長，力氣很大！所以，在水中能靈活地控制方向！！就相當於划船的槳！

好奇心旺盛、行動敏捷，當受到其他動物挑釁時，也能快速避開，是「閃躲達人」。

咻

啪

水獺擅長游泳的原因！

1！腳蹼！腳趾之間有蹼，有利於撥水！

2！有力的尾巴！最快的速度去醫院治療！

3！游泳的姿勢！四肢會緊貼在身體旁，能降低水中的阻力！！牠的游泳速度比魚還要快！

牠們的個性也同外貌一樣可愛嗎？還是擁有反轉的魅力呢？我們來一探究竟吧！

相似度70%
區分難度 ★★★☆☆

牠們的食物是**海膽、鮑魚、蛤蜊**，牠們會將石頭放在胸前，然後把殼敲碎，再挖裡面的肉來吃！實在很會使用工具啊。

喀喀喀

海獺

海獺的超級力量！！

牠們居住在寒冷的**北太平洋一帶**，因為暴利的海獺毛皮貿易，牠們曾被人類瘋狂獵殺，不過，現在的數量有比較回升了。

臉圓圓的，頭上是白色的毛。

牠們的前肢下方處有個口袋（皮囊），可以拿來存放石頭或貝殼。

理毛理毛

身長95cm～150cm，體重約22kg～45kg。

每天必須**攝取體重25%**的食物，才有足夠的熱量禦寒。

牠們的皮下脂肪意外的少，因此很怕冷。厚密的雙層皮毛是為了防止在水裡被浸溼，牠也經常理毛。因為要擠掉水分，**形成禦寒的絕緣空氣層，這樣也好漂浮在水面**。

因為只生一胎，得好好照顧！！

獨生子

四隻腳短，後腳有蹼。

牠們的皮毛比水獺長又蓬鬆。
蓬鬆～蓬鬆～蓬鬆！

可愛到爆！

海獺
寶寶因為毛還沒長齊，所以，無法漂浮在水面上睡覺。誕生後的3個月，都必須在媽媽的肚子上生活。

海獺睡覺時，為了不被水流沖走，**牠們會捲著海草睡覺**。要是沒有海草呢？牠們就會牽其他海獺的手一起睡！

在水裡前行的是水獺！
馬上就躺在水面上的是海獺！

水獺和海獺在水面上的姿勢完全不一樣！**海獺**不管是休息、還是進食，躺在水面上的時間居多，就像**仰泳**一樣的**姿勢**躺著。

你不仰泳嗎？

而**水獺**是只有在獵食或戲水時才會在水裡，休息或睡覺都在**陸地上生活**，所以，並不會躺在水面上！

而且居住的地方也很不同，**海獺主要是群居在海上。**

水獺是在江邊，和家人們生活。

我們住在海裡！

我住江邊！

最後，牠們**進食的樣子**也不一樣！水獺用雙手抓著魚站著吃，而海獺會將石頭放在胸前，然後拿貝殼撞擊石頭、撬開來吃！

魚就是要用手抓著吃才美味，嘻嘻

掙扎 掙扎

喀喀

你們瞭解用手按貝肉來吃的美味嗎？

水獺會拜拜？！

在韓國有句諺語叫做「**模仿水獺拜拜**」，現在我們就來瞭解一下
這句諺語的由來吧！

水獺啊！
你現在是在
拜拜嗎？

你說什麼？

水獺狩獵的習性，**是會將捕獲到的魚排開，擺放在附近的石頭或是沙地上**，再加上因為牠們**吃魚的習慣是用雙手抓**，有點像合十的動作，遠遠看就像在祭拜這些擺在貢桌上的魚。

好有孝心
的動物啊！

哇～這一定很好
吃！是要用蒸的？
還是用煎的呢？

唉唷，連水獺都會
拜拜！！還真特
別！！

所以，以前的人才會說水獺是很孝順的動物，
連在經典著作「兔子傳」中，也有水獺祭祀的模樣呢！

水獺啊！你有在
龍宮看見這隻逃
跑的兔子嗎？牠
的肝可是要獻給
龍王的耶…

是要偷走
我的肝嗎？

99

水中生活的達人
海狸vs河狸

海狸和河狸皆是居住在河川、濕地的水中生活達人。雖然都有可愛的外貌，但人們喜愛海狸，討厭河狸。

海狸

海狸是居住在美國、歐洲河邊的齧齒類動物。體長60cm～70cm，尾巴有33cm～44cm，又寬又大！韓國人又稱牠為「海豹貓（바다삵）」。

牠們主要是吃樹枝、樹皮和水草等植物維生。

門牙有30cm長，牠們可以在15分鐘內就將一棵大樹啃下，可見相當有力。

喀喀喀

呼呼～這才是口香糖！

水壩的入口在水底下，這樣是防止猛獸們闖入。

同伴們，快逃啊！！

啪搭

嚇我一跳

尾巴很寬大，游泳時很有用。而且牠們會用尾巴拍打水面，發出危險信號通知遠在800m處的同伴。

身體顏色主要是栗子色。

前腳　後腳

只有後腳有蹼，因此很擅長游泳！

牠最有名的是會築水壩，牠會用樹枝先圍起來，然後再用泥土一層層往上堆高，築成水壩。牠將水位變高，使得敵人無法進入。

到底什麼原因，怎麼會有如此極端的
差別待遇呢？我們趕快來看看吧！

相似度90%
區分難度 ★★☆☆☆

GO GO!!

河狸的故鄉在南美洲，主要
居住在智利、阿根廷。
體長40cm～60cm，尾巴長
度約22cm～42cm，和海狸
差不多。

我就是那落東
江怪物鼠！我
要全吃掉！

河狸

因為
牠的皮毛柔
軟輕盈，韓
國人為了牠的
毛草，所以開
放進口，但因
為數量突然暴
增，造成農民們巨
大的損害。

?!

牙齒是鮮豔的橘
色，相當銳利！
個性兇猛，如果
太接近，可能會
被咬傷，要多
加小心！

⚠️

主要吃長在江
邊的植物莖部
維生。

身體是
褐色，鼻
和嘴巴周
圍有白色的鬍
鬚。

只有後腳有蹼。

有著細
長的尾
巴。

衝擊的
真相！

懸賞金

20000

現在在韓國的河狸
數量已經少了很
多，原因是懸賞
金、寒冬和牠的天
敵一豹貓。

我要趕
快去抓牠

牠們會在河川或是池塘
的堤防上挖洞群居生活。

101

決定性的差異！

尾巴扁平、寬大的是海狸！
尾巴細長的是河狸！

分辨海狸和河狸的方法是看**尾巴**！

尾巴寬大、扁平的是**海狸**！
如果尾巴細長的就是**河狸**！

寬大、扁平！

海狸

又細又長！

河狸

不過，**生活的空間**當然也有很大的不同囉！
海狸是住在用樹枝和泥土所建成的水壩，
河狸則是在江邊或池塘邊的地上挖洞當家！

海狸啊！你家何時會蓋好啊？

再一下～快蓋好了！蓋好記得帶衛生紙來啊～

但你要怎麼來啊？

還有，海狸是住在**北美、歐洲、北半球**的動物。

河狸則是住在**南美洲**的動物！

你家在哪啊？如果游泳，過去要3年才會到吧？！

噗！

所以牠們在大自然中是不會見到面的～

雞蛋博士的有趣生物知識！

海狸的肛門味道是香草味？！

大家喜歡香草冰淇淋嗎？
如果是，那你絕對不要閱讀以下這段文字！因為很有可能你突然就覺得它不好吃了！！

楊博士！你是因為知道才吃的嗎？

怎麼了？？這很好吃啊！！

因為……就是那個……香草味……香草味的真面目就是一種叫做「海狸香（castoreum）」的成分，**據說這種成分是從海狸的生殖器官**附近一對梨狀腺囊的分泌物中萃取出來的。

簡單來說，就是天然香料。**不過，並不是所有香草冰淇淋都會使用海狸香**，最近因為動保團體抗議，所以，採用了許多人工合成香料，大家可以放心食用了！

是嗎！但很好吃啊！

幹嘛這樣～你不是吃的很高興嘛！！

呵呵呵
噁呃呃

海上獵人
海狗vs海豹

在海裡自由自在游泳的海狗和海豹！雖然身軀肥大，但在水中獵食卻是百發百中喔！

海狗

高貴的皮毛！

噗嗤

噗嗤

呃啊！居然有速度比我更快的傢伙！

居住在極寒冷的南極或北極海岸，主要的食物是沙丁魚、南極磷蝦和魷魚！體長2m，體重可達270kg，是比想像中還要大型的動物。

有小小的耳廓。

皮毛和脂肪層都很厚，有段時間因為獵人覬覦海狗的皮毛和脂肪，曾一度陷入絕種危機。

全身有著褐色短毛，不過因為總是被海水浸濕，所以，看起來很光滑。

海狗的天敵是鯊魚！鯊魚可利用牠的游行速度瞬間捕捉海狗！

前腳比海豹大，長得像鰭。前腳划行速度可達時速25km。

牠們是群居生活，而一隻雄海狗可帶領多隻的雌海狗。

後腳退化成適合游泳的形狀。

真羨慕

那麼，這麼可愛的海上獵人－海狗和海豹，又是如何在海裡穿梭呢？我們就來看看吧！

相似度80%
區分難度 ★★★★☆

GO GO！！

身上有著像花豹一樣的斑點，所以取名為『海豹』。韓國的原生種海豹叫「斑點海豹」。

住在陸地上的叫老虎！

住在水裡的叫海豹！

海豹

食物是沙丁魚、明太魚和魷魚。與討喜的外貌不符，會抓小企鵝和小海豚吃。

因為沒有耳廓，所以，頭上沒有凸出的東西。

光溜溜

體長1.4m～1.7m，體重約82kg～123kg。是水中哺乳類中是體重最輕的，主要生活在海邊。

呃啊

後腳退化成適合游泳的形狀。

潛水時間最長可達120分鐘，深度可達1,430m。也許還可以再潛下去，只是我們看不到......。

噗嗤

噗嗤

前腳有毛覆蓋，長有指甲。在行走時也是用前腳支撐，拖著身軀前行，就像是在搭冰橇。

海豹的天敵是北極熊和虎鯨。尤其是虎鯨，聽說牠會把海豹當成球來玩。

只有前腳輔助

有耳廓的是海狗！沒有耳廓的是海豹！

海狗和海豹的最明顯差異就在耳朵！！
海狗有凸出來的耳朵，但是海豹沒有，所以，頭是整個光溜溜的圓！

就在這裡

喂！你沒耳朵啊～

對啊！我可愛吧^_^

沒有耳廓就聽不到了嗎？

牠們在陸地上的行進方式也不一樣喔！ 海狗會像小狗一樣，**運用四肢行走**，但是海豹只能肚子貼在地上，**抬起頭，用前腳拖著身體前行！**

噗通

快點過來！

蠕動

在走了啦！我是用肚子～撐著地

要不...用滾的？

蠕動

最後，在海裡的游泳方式也大不相同！ 海狗的前腳會上下滑水前行，海豹則是後腳上下打水前行。

唷齁！果然水裡就是我的世界！

嗚嗚！！太厲害了！海·狗·鼓·掌！！

咻一

怎麼這麼快啊！

小可愛－豎琴海豹的殘酷史

你有聽過豎琴海豹嗎？據說牠是全世界最
可愛的海豹，因此紀錄片、廣告等到處都有
牠的身影呢！

> 哇！你真的
> 超可愛的！

潔白又蓬鬆的毛，**就是豎琴海豹寶寶的象徵。**牠
們長大之後，毛色就會轉變為灰色！所以，這是只
有像棉花糖一樣的白毛豎琴海豹寶寶的特權喔！

但是，**也因為這身鬆軟的白毛**，許多豎琴海
豹寶寶在加拿大慘遭殺害，**這都
是為了賣皮毛獲取高利。**雞
蛋博士在此祈求，希望人類
不要為了一己之私慾，而殺
害了豎琴海豹寶寶。

> 不可以再屠
> 殺豎琴海豹
> 寶寶啦！

OMEGA-3

人類的水中好友
海豚vs虎鯨

和人類最親密的海豚和虎鯨！有可愛的外貌和聰明的頭腦，集人類的所有寵愛於一身。

海豚

推薦影片 Q！

體長約2m～3m，是住在海裡的哺乳類動物。聽說，早期人類還把海豚誤認是魚的時候，當時亞里士多德就認為牠是哺乳類了，厲害吧！

你是哺乳類吧？

你怎麼知道？

海豚像人類一樣是用肺呼吸！所以，需要經常到水面上用呼吸孔換氣！

從頭到尾成流線型，所以，北韓叫牠是「美背魚（곱등어）」。

海豚利用額部發出超音波，不僅可進行溝通，還能夠區分物體。

皮膚會分泌出脂肪，因此油油亮亮，連藤壺都無法吸附在上面。

美背魚

因為嘴唇凸出，長得像豬，所以有「海豬」的別號。海豚也是指「豬+鯨魚」的意思。

你知道嗎？

韓國有不受人愛戴的海豚，那就是韓國原生種海豚一「江豚」！以「微笑天使」聞名，但是對漁民來說，牠只會破壞魚場，是個麻煩。在慶南古城設有「江豚保護區」！

唉…真是！小心一點啦！！！

謝謝你！

流行歌～流行歌，輕快的歌曲！我也要來唱！！

有很高的社會性和智商。因為牠會幫你撿回掉到海裡的手機。

牠們過得是群居生活，帶頭的是雌海豚，還會像其他海豚一樣，一起唱流行歌喔！

接著我們就來看看這兩者在水中的生活方式，以及瞭解牠們究竟有多聰明吧。

牠會以「突襲海邊」的方式狩獵，牠會衝到海邊，瞬間就把海象寶寶咬來吃，真是賭上生命的危險狩獵法。

我一天要吃掉9隻海象寶寶

嚇死寶寶了！！

虎鯨

背鰭是三角形！

音波可偵測到80m外的食物，會發出「噠咖噠咖」的聲音。

失散多年的兄弟？

像海豚一樣有呼吸孔。

Hi~!

因為眼睛下的底色是黑色，遠看會以為沒有眼睛！（仔細看是有的！）又被稱作「熊貓鯨魚」。

胸鰭是橢圓形。

體長5m~8m，體重約8噸，是海豚的兩倍。

吼啊

啊啊

肚子和眼睛周圍有白色圖案，其餘地方都是黑色。

尾巴可以游出時速56km的速度，是海上最快的哺乳類動物。

嘴唇短、圓圓的，有牙齒。是屬於有牙齒，攻擊性強的鯨魚。連鯊魚都抓來吃的最高階狩獵者。

牠們是群居生活。帶頭的是年紀最大的雌虎鯨。虎鯨到死都會跟著媽媽行動。

我~我是媽寶！

決定性的差異！

皮膚灰色的就是海豚！
黑色&白色的就是虎鯨！

海豚和虎鯨的**身體顏色**不同！
海豚全身是灰色，但虎鯨是黑色和白色，
令人聯想到西裝！

> 你說什麼？

> 喂！你又不是圍棋，這是什麼圖案啊！

初次來到這海域玩耍的孩子

而且**體型**也不一樣，

群居生活的虎鯨，因為攻擊性強，所以，又被稱作「海裡的黑道」，體型是海豚的兩倍大。

> 是誰？是誰說的？

> 不是我，大哥！

裝作沒聽到...

> 還真大啊

最後，**食性**也有點不同！**海豚**主要是吃魚或是魷魚，但虎鯨除了這些，還會捕捉其他**鯨魚**、**海狗**、**海豹**、**北極熊**、**海獅**等動物為食。真是名符其實的虎鯨！是個可怕的傢伙！！

> 就是你啦！

> 快救救海狗！！

> 對不起啦～海狗

> 那麼，今天的晚餐就是海狗全餐！

海豚睡覺時，只閉一隻眼睛？

由於海豚是哺乳類，所以在水面上呼吸！牠在水裡無法換氣！所以需要短暫到上面，那麼，睡覺時要如何換氣呢？

神奇的是海豚的左右腦可以分開運作，連睡覺時也可以進行左右腦的輪流分工！

所以，連睡覺的時候，眼睛也只會閉一隻！

因為有一邊的大腦是清醒的，所以，連睡覺都可以一直在水面上呼吸！我們經常可以看到海豚上來換氣的時候，其實有可能是牠在睡覺，哈哈…

111

水草吸塵器
儒艮vs海牛

儒艮和海牛的外型乍看之下幾乎長得一樣！龐大的身軀在海底吸食水草的時候，簡直就像是海底吸塵器。

儒艮

噗呵
哎呀

因為住在淺海，所以，經常發生被船的螺旋槳劃傷的事故，因此，身上有許多傷口。

尾巴長得像海豚，弦月的模樣。游泳時速約可達8km。

體長約3m，體重可到250kg的巨大海牛，居住在有珊瑚草的淺海。

開

眼睛特別小，視力不佳。不過，聽力倒不錯。

皮膚像大象一樣，表皮厚，皺紋多，不過很柔軟！

關

有兩個鼻孔，牠可以自由關閉，不會讓海水灌進去。

像我？

儒艮的鰭上沒有指甲，就像槳一樣，在變換方向時使用。

嘴巴周圍有200根鬍鬚，嘴唇在動的時候能夠吸海草吃。

牠們是徹頭徹尾的素食主義者，一天光吸食的海草就可達30kg！

我是素食主義！

咻嗚～

儒艮和海牛被稱為美人魚的原因！

是人魚！

儒艮和海牛會抱著孩子在海面上餵奶，這副模樣就像美人魚一樣，所以，古時候的人才叫牠美人魚！

這兩者連食性都很相似耶！我們來看看牠們究竟有何差異吧！

相似度90%
區分難度 ★★★★★

LET'S GO~

一天要吃上30kg~50kg海草的海中吸塵器（儒艮）！大便量也很驚人啊，一天可大6kg~8kg！

海牛

嘴唇是分開的，可當夾子使用。

19度太冷了！

嘴巴周圍像儒艮一樣有鬍鬚。

體長4.6m，體重650kg！比儒艮更大！雖然會在江海間來來去去，但主要住在流速慢的江裡。

皮膚有厚厚的脂肪層，但當水溫低於19度，牠們就有可能罹患肺炎死掉。

一起來刷牙吧！刷牙刷牙好棒棒！

尾巴是圓形的飯匙狀，速度最快可達時速24km。

衝擊的真相！

當牠滑出水面時，會用鰭來控制其方向，不過，雌海牛的鰭下方有乳頭！如果以人體來比喻，就是在腋肢窩上！

據說牠們會把海草卡進牙齒縫間刷牙，將柔韌的水草莖卡入齒縫咀嚼！

噗滋 噗滋

听呵呵

刷牙 刷牙

儒艮的尾巴是弦月模樣！ 海牛的尾巴是飯匙形狀！

簡單分辨出儒艮和海牛的方法！

儒艮的尾巴像鯨魚，中間向內凹，呈現弦月狀。

兩者的前鰭也有點不同，前鰭向外翻的是儒艮，向內有點微彎的是海牛。海牛可以用鰭來接東西。

嘴唇也長得不一樣，又稱為吸塵器的儒艮，主要是吸食海底中的海草，嘴巴寬扁朝下。反之，海牛的嘴巴圓圓的，利用上嘴唇把海草夾起來往嘴巴送。

現在消失的海牛是大海牛！

大海牛是儒艮和海牛的近親，**儒艮和海牛**兩個加起來就是大海牛的大小，是相當巨大的海牛。

哇～真的好大！船長你看，太神奇了！

你…你好啊？

這神奇的生命體？是什麼呢？

不過，人們為了獲取肉和油，開始濫殺大海牛，從發現開始的短短27年就絕種了，**再也看不到牠的身影**。牠的個性也和儒艮、海牛一樣很溫和。當同伴陷入危機時，就會一同上前幫忙脫困，也正因如此，很好被捕抓，才會這麼快就絕種了。

好好生活，人類們！

對不起，大海牛。願你在天上幸福快樂！

世界上最快絕種的…

大海牛的英文「**斯特拉**」，因為由一個名叫斯特拉的人所發現，因此用他的名字來命名。

要細看才會感到可愛的 狹口蛙vs蟾蜍

皮膚凹凹凸凸的狹口蛙和蟾蜍！感覺有點噁心，但仔細觀察後，會發現他們是既漂亮又可愛的生物呢！

相似度90%
區分難度 ★★★★☆

GO GO~

蟾蜍~我給你舊房子，你卻給我新房子！

蟾蜍，謝謝你！

當然要知恩圖報啦

宵夜最美味了！

服務生~再來幾條蚯蚓！

蟾蜍

從以前就被認為是很聰明、有義氣的動物。甚至還做了蟾蜍之歌。

眼睛後方有一條黑色的橫線。

與身體相比，頭較寬大。

早上躲在土裡，晚上才出來找食物吃，主食是蝸牛、馬陸和蚯蚓！

推薦影片Q！

身體是褐色，背上有凹凹凸凸的突起，皮膚粗糙乾燥。

我還以為是牛蛙呢…

由於肌肉不發達，所以牠不會跳，都用一步步前行！

一步一步

小常識！

因為牠有毒，所以，人吃了有可能會致命。
曾發生有人以為牠是牛蛙抓來吃，導致死亡的事件。

我是有毒的蟾蜍！

青蛙卵　　山椒魚卵　　蟾蜍卵

蟾蜍的卵不同於青蛙，牠的卵會被包覆在一條長長的膠質囊中！山椒魚的則是會繞圈。

決定性的 差異！	頭上沒有疣的是狹口蛙！ 有疣的是蟾蜍！

狹口蛙和蟾蜍雖然長得相像，但只要看頭上疣的有無，就能馬上分辨出來！**頭上有疣的就是蟾蜍！沒有的就是狹口蛙！**

頭的大小也差很多，**狹口蛙身體圓滾滾**，相對來說，**頭較小**，吻突小而尖，感覺較靈巧、敏捷。相反的，**蟾蜍的頭比身體大**，特別是頭很寬，吻突也感覺較圓、較厚。

身體大小也有差異，狹口蛙最大也只能到5cm，但是蟾蜍最大可到12cm，是最大型的青蛙！

蟾蜍是牛蛙的天敵？？

有傳聞說蟾蜍是牛蛙的天敵！
我們就來了解一下為何會這樣說吧！

> 雞蛋博士！據說蟾蜍和牛蛙有個悲傷的傳說，你有聽說過嗎？

嗯？

不只是蟾蜍，連青蛙也是在春天交配！ 這時候，雄蟾蜍會將體型大的牛蛙誤以為是雌蟾蜍，然後爬到牛蛙的背上，用前腳勒住牠！

> 勾勾蟾蜍寶貝！我愛妳

我的愛！
親愛的！

嗯？
什麼？

原因是要壓雌蛙的肚子，才能產出更多的蛋。

不過，不會下蛋的牛蛙，就會被蟾蜍勒得更緊……。結果，牛蛙有可能喘不過氣而斷氣身亡，或是被蟾蜍身上的毒液給毒死。總之，就因為這種荒唐事，所以，蟾蜍才成為了牛蛙的天敵！！

我不是蟾蜍...

> 蟾蜍寶貝！！！

喘不過氣而拜拜！！！

> 蟾蜍，這是無法實現的愛情啊！！

> 真是令人哀傷的畫面…

拍拍

拍拍

逆轉人生的烏龜 金龜vs巴西龜

同是烏龜卻過著不同的人生，那就是金龜和巴西龜！雖然牠們都生活在同一個地方，但是金龜因為是保護物種而受到珍貴的待遇。

金龜

是居住在淡水的韓國原生種烏龜！雖然在韓國隨處可見，不過，因為經常做藥材使用，現在反而不容易看到了。而且，巴西龜也搶了牠的家，因此，數量減少很多。現在被列入保護物種，受到高級的待遇呢。

真可愛！和我一起生活吧！

你有許可證嗎？

Hi~!

背殼是褐色！有三條縱骨，如同山脈一樣，高高隆起。

牠是以魚、甲殼類、水生植物等為食的雜食性烏龜！因為牠是保護物種，所以，如果想要飼育金龜，必須要先取得許可證才行喔。

臉旁和脖子上有黃色的不規則紋路。

四隻腳上有大片的鱗片覆蓋。

腹甲是黑色。

嗚啊！！！味道TT

要健康平安的長大喔！

噁心

臭味攻擊！！

雌龜在6～8月會到河邊的沙子裡下蛋，然後將排泄物噴灑在蛋上，再用泥土覆蓋，為了要保護這些尚未孵化的蛋。

個性溫和，不過，當受到威脅，會從胳肢窩下散發惡臭！

巴西龜正遭受冷宮生活，我們就來看看到底原因是什麼吧！

相似度90%
區分難度 ★★★★☆

GO GO～

我要開動囉！

哇！是吃到飽耶！

牠是魚、蝦、蚯蚓、青蛙、小昆蟲，連蔬菜都吃的**雜食性烏龜**！是一個**不挑食的吃貨**！

背殼是暗草綠色的底色，上頭有黃色線條。一般都是彎彎曲曲的樣子。

巴西龜

推薦影片 Q！

腹甲底色是黃色，上頭有黑色斑紋。

前腳指甲很長，雄龜的指甲是這個的兩倍，用這點來分辨雄雌。

♀
♂

你還化妝呀？

我天生就長這樣！？！

本來就有！

你知道嗎？

美國的密西西比河是牠的故鄉。巴西龜當初是以寵物龜的珍貴身分進口的，如今因為牠破壞了生態界，所以，只好被打入冷宮。

這裡是韓國嗎？

哇嗚，你好啊！韓國～

眼睛旁有條紅色的線，所以，韓國人才叫牠「紅耳烏龜（붉은귀거북）」，這也是巴西龜的一大特徵！

121

決定性的差異！	眼睛旁邊沒有紅線的是金龜！反之，有紅線的就是巴西龜！

雖然長相相近，不過，只需掌握重點就能一眼辨別。
首先，**眼睛旁邊有無紅色線條**！金龜眼睛旁邊沒有紅線，不過，巴西龜（韓文：紅耳烏龜）就真的是龜如其名，有一條紅色的線！

嗚哇⋯好帥喔！

這是美國風格～

背殼的形狀也不同，金龜的背上有三條隆起的縱骨，但巴西龜沒有！

你的殼很帥耶！

這是結合了韓國山脈的韓國風格～！

最後是腹甲！

翻過來看，金龜的腹甲是黑色，

所以說沉穩的黑色是金龜！鮮豔的黃色是巴西龜！

巴西龜是以黃色為底，上頭有著黑色的斑紋。很容易分辨吧！

河川的大嘴巴
大口黑鱸vs鱖魚

嘴巴大得嚇人的大口黑鱸和鱖魚！兩者因為嘴巴大，所以，只要遇上牠們都會被抓來吃，是淡水中的帝王。

我要把你們一口吃掉！

大口黑鱸

啪嗚一

大嘴巴是最大的特徵！因為嘴巴大，所以，幾乎所有的魚都會抓來吃。

背是深綠色，肚子是白色，兩側的中間有一條由青綠色斑點組成的線。

懸賞鉅額

破壞生態種

原先從美國輸入作為食用，但因為牠會隨處抓原生種的魚來吃，所以，現在被認定是「外來入侵種」！

大口黑鱸一般可長到 30cm～60cm，是大型魚類！

在髒水裡也可以好好存活！

即便在髒水裡也能存活，所以又稱牠為「黑鱸」。

推薦影片Q！

釣到了！

天敵是烏鱧、鱖魚、候鳥還有釣客！幸虧有他們，才能大幅度減少大口黑鱸的數量！提醒一下，如果將已抓到的鱸魚再次放生，是違法的喔！

正值大口黑鱸的受難時代！

要保護好牠們喔

別擔心！

雄魚會挖一個約50cm的洞，接著雌魚會在裡面下約有5萬顆的魚卵。而守護卵就是雄魚的責任！是相當有父愛的魚種。

那麼，這些大嘴巴魚兒們在河裡的生活方式又是如何，就讓我們一同來瞭解一下吧！

LET'S GO~

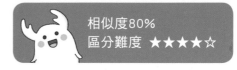

鱖魚可以長到50cm以上，是淡水魚！嘴巴大，主要抓其他魚類為食的肉食性動物！棲息在石頭多的急流淺灘。

在小石子上產卵，從4月底到6月初是牠們的產卵期，所以會保護牠們，避免被捕捉。

只要一碰到我就會發射喔！

當受到威脅，背鰭就會豎起來。鱖魚的名字也是「豎起」的「豎」加上「魚」！只要被刺到，可是會痛到受不了喔，所以，要摸之前一定要記得戴上手套！⚠

?!

鱖魚

這意思就是鱖魚是尊貴之軀！！

我喜歡乾淨的水！！

黃色底上有著褐色的豹紋，所以也被稱作為「水裡的花豹」。

現在最需要的就是速度！

啊

狩獵方式也和花豹差不多，先躲在大石頭底下，然後慢慢接近目標，瞬間就出口咬獵物。

辣魚湯當然要用鱖魚囉

沒錯！

因為牠的肉質鮮美，韓國人又稱牠為「美味魚（맛잉어）」，辣魚湯、生魚片、烤、蒸等料理方式，都好吃到讚不絕口呀！

有一條線的斑紋就是大口黑鱸！
有豹紋的是鱖魚！

兩者都是大嘴巴，所以不好分辨，因此，**用斑紋來區分牠們啊！**鱖魚身上有著褐色豹紋，大口黑鱸的側面則是有青綠色的一條線！

你身上那是什麼？花花綠綠的

第一次發火

這是上等魚才有的豹紋

居住的地方也不同，鱖魚居住在水流湍急、小石子多的淺灘。

呃哈，我喜歡強力的水柱！！嗷嗚！

大口黑鱸喜歡住在水流慢、水草多的地方！

你很吵耶，可以安靜一下嗎？

大口黑鱸很會吃，只要碰到原生種的淡水魚都不放過。**不過，對天下無敵的大口黑鱸來說，也是有天敵的喔。**

那就是鱖魚！果然對魚界來說，也是魚外有魚，天外有天啊。

那傢伙的嘴！我要把牠生吞活剝啊！！

呃啊！快來救救大口黑鱸吧！

我的天敵原來是鱖魚！

第二次發火

啊

不過，鱖魚的天敵就是人類的天羅地網嗎？

黃鱲魚之衝擊的身世祕密？！

其實不是只有鱲魚，還有！居住環境也和鱲魚差不多，
經常能看到牠和鱲魚的身影，只是外貌有點不一樣！

黃鱲魚比鱲魚更寬大，身體呈金黃色，這是牠的特徵！是很珍貴的魚種。

閃亮
閃亮

我可是
很珍貴的喔～
嘿嘿！

唉唷～
好刺眼啊！

不過，研究結果顯示……，鱲魚和黃鱲魚其實是同種！那是因
為在誕生時，鱲魚的遺傳基因發生變異！所以，才會變成耀眼的
黃鱲魚，但遺憾的是，牠不具有繁殖能力。

這是黃鱲魚
身世的祕密？！

比起身世的祕
密，這個衝擊更
大吧？！！！

嗚嗚

我是閹人！
不，是閹
魚！！

驚

海底的外星生物
長腕小章魚vs章魚

大頭上有八隻晃來晃去的長腳，長得像外星生物的海底軟體動物－長腕小章魚和章魚，牠們在海裡的生活方式是如何呢？

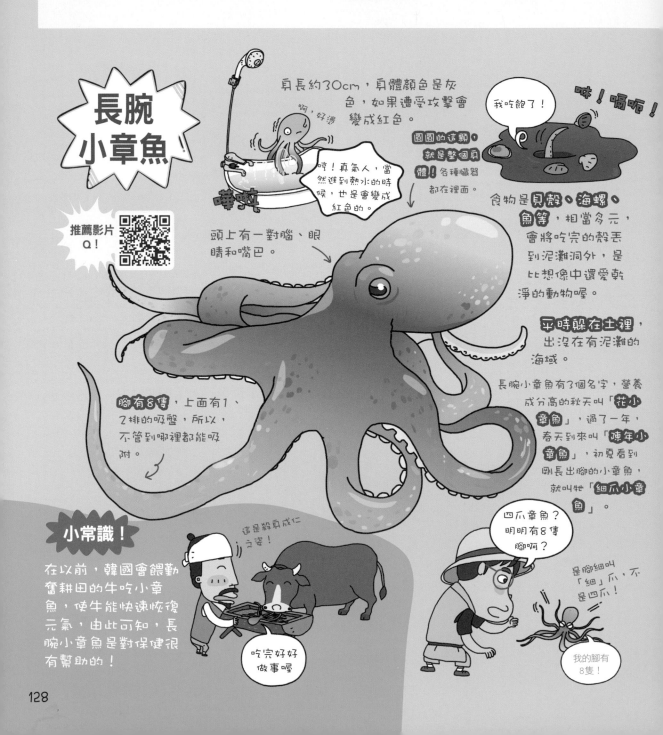

長腕
小章魚

推薦影片Q！

身長約30cm，身體顏色是灰色，如果遭受攻擊會變成紅色。

啊，好燙

哼！真氣人，當然進到熱水的時候，也是會變成紅色的。

我吃飽了！

咘！嗝咿！

圓圓的這顆，就是整個身體！各種臟器都在裡面。

頭上有一對腦、眼睛和嘴巴。

食物是貝殼、海螺、魚等，相當多元，會將吃完的殼丟到泥灘洞外，是比想像中還愛乾淨的動物喔。

平時躲在土裡，出沒在有泥灘的海域。

長腕小章魚有了個名字，營養成分高的秋天叫「花小章魚」，過了一年，春天到來叫「陳年小章魚」，初夏看到剛長出腳的小章魚，就叫牠「細爪小章魚」。

腳有8傳，上面有1、2排的吸盤，所以，不管到哪裡都能吸附。

小常識！

在以前，韓國會餵勤奮耕田的牛吃小章魚，使牛能快速恢復元氣，由此可知，長腕小章魚是對保健很有幫助的！

這是殺身成仁之姿！

吃完好好做事喔

四爪章魚？明明有8傳腳啊？

是腳細叫「細」爪，不是四爪！

我的腳有8隻！

章魚的腳也一樣都有8隻，區分上有難度，就讓雞蛋博士帶你一起來深入瞭解吧。

相似度60%
區分難度 ★★★☆☆

HERE WE GO！

相當驚人的成長速度！

我馬上就大一寸囉！

長大

貝殼的殼要丟出去！做資源回收啊！

章魚

壽命短，約3～5年。不過成長速度快，因為吃下的食物，有50%的營養成分能被身體所吸收！

雖然眼睛會轉動，但是3m前的事物看不清楚。

只要觀察散落在石頭縫裡的扇貝和海螺的殼，就能找到章魚。

推薦影片Q！

體長約3m，身體顏色大多是橘紅色！

腳和長腕小章魚一樣有8傳！當然牠也有吸盤，想黏在哪，就黏在哪！更驚人的是能看得到食物。夜晚狩獵時，貝殼、魚，甚至連小鯊魚也捕捉來吃！

呼！小菜一碟

成功！

甩開了！

噗咻噗咻

跑哪去了？剛分明還在啊

右盼

左顧

遇到天敵時，牠會偽裝或是逃跑。牠會瞬間噴出漆黑的墨汁，遮蔽對方的視野，然後快速逃離。

什麼？這黑茫茫的是？是煙霧嗎？

看我的墨汁攻擊！

軟體動物中最聰明的！

牠擁有和狗差不多的智商，章魚不只是頭腦，連腳都有神經元，所以記憶力超好。牠會找路，而且也會使用道具！真的很神奇吧！

牠就像變色龍一樣，能夠隨意變換身體的顏色和紋路！多虧這項功能，才能躲過天敵，不被發現！

129

惟獨有兩隻腳特別長的是長腕小章魚！八隻腳長度都差不多的是章魚！

長腕小章魚和章魚的**體型**不同，小的是**長腕小章魚**，**體型較大的是章魚！**除了這個判斷方法，沒別的嗎？

你不知道嗎？

比我大耶！

我的體積可以比你大上10倍！

嗯，真無聊

還有！那就是**腳的長度**！
長腕小章魚有兩隻腳特別長，但是章魚的腳每隻都差不多長！不過，章魚也會咬自己的腳來吃，所以，也有可能發生長度不一的情況。

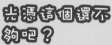

光憑這個還不夠吧？

這兩隻腳超級給他長的啦！

伸長

蠕動蠕動

我的是參差不齊

那來看看吸盤吧！
長腕小章魚的吸盤小，間隔排列是分開的，而章魚的吸盤是兩排並列的！那要怎麼看呢？當然就是煮熟了看囉！

煮熟後會圓圓地捲起就是章魚！晃來晃去的就是長腕小章魚！

超讚的！好新鮮！

呃啊！博士說要把我們放到鍋子裡？快逃啊！

長腕小章魚

章魚

有毒的章魚－大藍環章魚！！

終於輪到我出場了！

章魚中帶有**可怕劇毒**的主人就是 —— 身體上有著藍環圖案的**大藍環章魚！**

我的身體顏色鮮艷，就是因為我有劇毒！！不要靠近我！

吐

大藍環章魚身上帶有「**河豚毒素**」的劇毒，如果以氰化鉀的毒性作為基準，據說是比它毒上10倍。牙齒上有毒液，所以會像眼鏡蛇一樣，跟目標保持一定的距離再進行發射。

氰化鉀 ×10

比我還毒1,000倍？

小心大藍環章魚！！

各位！夏天到海水浴場時，絕對絕對不要觸摸大藍環章魚喔！⚠️

牠本來居住在熱帶地方，但由於**地球暖化**，所以最近在韓國、濟州島、釜山、南海等南部海域都可以看見牠的身影，個體數逐漸增加！**我們大家都要多多小心大藍環章魚喔！！**

站到一邊去！

長角的神祕生物
一角鯨vs條紋四鰭旗魚

頭上有角的神祕生物——一角鯨和條紋四鰭旗魚！被稱作是海裡的獨角獸、水中的劍士，牠們是如何帶著角生活呢？

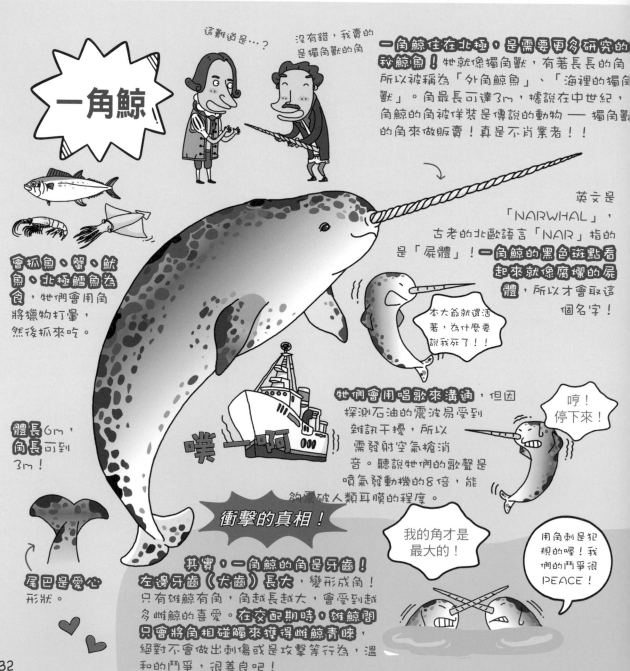

一角鯨

這難道是…？

沒有錯，我賣的是獨角獸的角

一角鯨住在北極，是需要更多研究的祕鯨魚！牠就像獨角獸，有著長長的角，所以被稱為「外角鯨魚」、「海裡的獨角獸」。角最長可達3m，據說在中世紀，一角鯨的角被佯裝是傳說的動物——獨角獸的角來做販賣！真是不肖業者！！

會抓魚、蟹、魷魚、北極鱈魚為食，牠們會用角將獵物打暈，然後抓來吃。

英文是「NARWHAL」，古老的北歐語言「NAR」指的是「屍體」！一角鯨的黑色斑點看起來就像腐爛的屍體，所以才會取這個名字！

本大爺就還活著，為什麼要說我死了！！

牠們會用唱歌來溝通，但因探測石油的震波易受到雜訊干擾，所以需發射空氣槍消音。聽說牠們的歌聲是噴氣發動機的8倍，能夠震破人類耳膜的程度。

哼！停下來！

體長6m，角長可到3m！

噗——啊啊

衝擊的真相！

尾巴是愛心形狀。

其實，一角鯨的角是牙齒！左邊牙齒（犬齒）長大，變形成角！只有雄鯨有角，角越長越大，會受到越多雌鯨的喜愛。在交配期時，雄鯨間只會將角相碰觸來獲得雌鯨青睞，絕對不會做出刺傷或是攻擊等行為，溫和的鬥爭，很善良吧！

我的角才是最大的！

用角刺是犯規的喔！我們的鬥爭很PEACE！

我們現在去看這些因為陌生，所以更添神祕感的海中巨大外角生物的生活吧，出發！

GO GO！

相似度60%
區分難度 ★★★☆☆

比想像中的要大耶...

你要不要騎？

條紋四鰭旗魚居住在溫暖的印度洋、太平洋等熱帶洋流！在春、夏時，可在韓國濟州島或是南海發現牠們。

背鰭是身體的高度。

水裡的劍士？

吻突尖銳，上顎尾端就像槍一樣，銳利且細長。看似用尖銳的上顎來刺獵物，但其實上顎像刀一樣鋒利，所以，牠們是像隨意揮舞著劍來狩獵！有點像「水裡的劍士」！！

條紋四鰭旗魚

?!

體長4.5m，體重可達900kg，是超級巨大的魚。

有青藍色的直條紋。

條紋四鰭旗魚劍舞！！！

呼白

食物偏好是成群生活的鯷魚、沙丁魚、鯖魚、秋刀魚，只要看到魚群就會突進。

來抓我啊～

咻一

抓到你就死定了！！

呼呼

咳咳

抓不到他

抓得到就來試試看啊♪

有著靈活身軀的條紋四鰭旗魚，游泳速度是魚類裡最快的！時速可達110km，擁有驚人的速度！由於牠速度太快，所以，天敵虎鯨和鯊魚要抓到牠都不容易。

133

犬齒尖銳的是一角鯨！
上顎尖銳的是條紋四鰭旗魚！

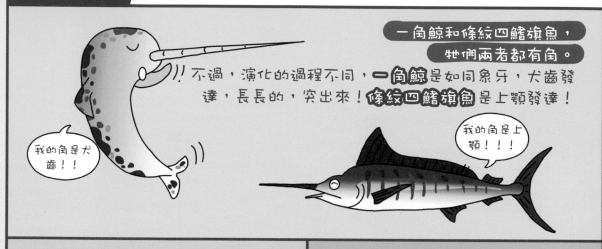

一角鯨和條紋四鰭旗魚，牠們兩者都有角。

不過，演化的過程不同，一角鯨是如同象牙，犬齒發達，長長的，突出來！條紋四鰭旗魚是上顎發達！

我的角是犬齒！！

我的角是上顎！！！

而且，住的地方也不同！一角鯨是居住在北極寒冷的海域。

我喜歡冷泉～

條紋四鰭旗魚則住在印度洋、太平洋溫暖熱帶的海域。

唷齁～溫暖的水最舒服囉！

最後，一角鯨是鯨魚，儼然是屬哺乳類，條紋四鰭旗魚是魚，當然是屬魚類囉！

請一定要記得喔！！

我們是魚類！

我們是哺乳類！

十分危險的條紋四鰭旗魚海釣！

想釣又大又快速的條紋四鰭旗魚，是相
當冒險、也十分困難的，所以，才會說
是釣客們的夢想！

我在等你
喔！條紋四
鰭旗魚！

出發去抓條紋四
鰭旗魚囉！！

條紋四鰭旗魚的力氣很大，和其他魚類相比更聰明。
就算被魚鉤鉤住，也能靠自己的力量掙脫。也因為上顎
厚，所以魚鉤無法完整穿刺過去！

徒手！
什麼？

哇嗚！博士
們！條紋四鰭
旗魚的力量很
驚人耶！

很好！
上鉤了！

Hit !

而且，萬一成功釣到船上，條紋四
鰭旗魚會揮舞銳利的上顎，威脅人
類後再逃跑！

條紋四鰭旗魚是傳既
聰明又可怕的魚！

小心別
被刺到啦！

哇咧！這該
怎麼辦？

咔啪咔嗒

哧啊啊！

小心！

咔啪咔嗒

135

Orange Science 01

最有趣的撞臉生物百科
──生物學博士教你不再叫錯名字的漫畫圖鑑
作者 雞蛋博士The egg

出版發行

橙實文化有限公司 CHENG SHI Publishing Co., Ltd
粉絲團 https://www.facebook.com/OrangeStylish/
MAIL: orangestylish@gmail.com

作　　者	雞蛋博士 The egg
繪　　者	柳南永
總 編 輯	于筱芬　CAROL YU, Editor-in-Chief
副總編輯	謝穎昇　EASON HSIEH, Deputy Editor-in-Chief
業務經理	陳順龍　SHUNLONG CHEN, Sales Manager
美術設計	楊雅屏　Yang Yaping
製版／印刷／裝訂	皇甫彩藝印刷股份有限公司

編輯中心

ADD／桃園市大園區領航北路四段382-5號2樓
2F., No.382-5, Sec. 4, Linghang N. Rd., Dayuan Dist., Taoyuan City 337,
Taiwan (R.O.C.)
TEL／（886）3-381-1618 FAX／（886）3-381-1620

經銷商

聯合發行股份有限公司
ADD／新北市新店區寶橋路235巷弄6弄6號2樓
TEL／（886）2-2917-8022　FAX／（886）2-2915-8614
初版日期 2021年08月